建筑施工特种作业人员安全技术培训教材

物料提升机安装拆卸工

《建筑施工特种作业人员安全技术培训教材》编委会　编

中国环境出版集团·北京

图书在版编目（CIP）数据

物料提升机安装拆卸工/《建筑施工特种作业人员安全技术培训教材》编委会编. —北京：中国环境出版集团，2021.9
建筑施工特种作业人员安全技术培训教材
ISBN 978-7-5111-4876-6

Ⅰ. ①物… Ⅱ. ①建… Ⅲ. ①建筑材料—提升车—装配（机械）—安全培训—教材 Ⅳ. ①TH241.08

中国版本图书馆 CIP 数据核字（2021）第 184631 号

出 版 人　武德凯
责任编辑　张于嫣
责任校对　任　丽
封面设计　彭　杉

出版发行　中国环境出版集团
（100062　北京市东城区广渠门内大街 16 号）
网　　址：http：//www.cesp.com.cn
电子邮箱：bjgl@cesp.com.cn
联系电话：010-67112765（编辑管理部）
010-67112739（第三分社）
发行热线：010-67125803，010-67113405（传真）

印　　刷　北京市联华印刷厂
经　　销　各地新华书店
版　　次　2021 年 12 月第 1 版
印　　次　2021 年 12 月第 1 次印刷
开　　本　850×1168　1/32
印　　张　9.125
字　　数　250 千字
定　　价　29.00 元

《建筑施工特种作业人员安全技术培训教材》编委会

（排名不分先后）

前　言

为了加强对建筑施工特种作业人员的管理，防止和减少生产安全事故的发生，提高建筑施工特种作业人员的安全操作技能和自我保护能力，加强建筑施工特种作业人员的安全技术考核培训工作，按照《中华人民共和国安全生产法》《建设工程安全生产管理条例》《安全生产许可证条例》《建筑起重机械安全监督管理规定》《危险性较大的分部分项工程安全管理规定》及其他相关法规的规定，依据《建筑施工特种作业人员管理规定》（建质〔2008〕75 号）对建筑施工特种作业人员在考核、发证、从业和监督管理工作的明确要求，我们组织多位专家编写了《建筑施工特种作业人员安全技术培训教材》。

本套教材针对建筑施工特种作业人员的岗位特点，依据《建筑施工特种作业人员培训教材编写大纲》的要求编写。内容深入浅出，通俗易懂，图文并茂，可操作性强，适用于塔式起重机司机、塔式起重机安装拆卸工、建筑起重信号司索工、施工升降机司机、施工升降机安装拆卸工、物料提升机司机、物料提升机安装拆卸工、建筑电工、建筑架子工、高处作业吊篮安装拆卸工的安全技术考核培训，并专门编写了《特种作业安全生产基本知识》

作为通用教材，配套使用。

本书为《建筑施工特种作技术培训教材》中的一本。全书共12章，内容包识图知识，力学基础知识，机械基础知识，电学基础液压传动基础知识，钢结构基础知识，起重吊装零部物料提升机的分类、性能及基本技术参数，物料提升机结构及工作原理，物料提升机安装、拆卸的程序和方法，料提升机安装后的自行检查、维护保养常识，物料提升机安装、拆卸事故应急处理方法及案例。本书与《特种作业安全生产基本知识》配套使用。

本书既可作为建筑施工特种作业人员安全技术考核培训用书，也可作为建设单位、施工单位和建筑类大中专院校的教学及参考用书。

本书在编写过程中参考了大量的相关标准规范和文献资料，在此向给予我们极大帮助的专家学者表示最衷心的感谢！

限于编写时间仓促，书中不足之处在所难免，敬请同人和读者批评指正。

目　　录

专业基础篇

专业技术篇

专业基础篇

第一章　机械识图知识

第一节　投影与视图

一、投影的原理

在光源的照射下，通过投射线将物体形状反映在平面上，这就是投影的原理。因此，投影要具备 4 个条件，即光源、投射线、物体和投影面。

在生活中，人们经常看到“光线照射物体产生影子”的物理现象（投射成影现象）。例如，将一盏灯挂在桌面的正上方，灯光被桌面遮挡，地面上就会出现一个比桌面大的影子，如图 1-1（a）所示。如果把灯的位置逐渐向上移动，灯离桌面越远，地面上的影子也就越接近实际桌面的大小。可以设想，把灯移到无限远的高度（近似夏天正午的太阳方向），影子的大小就和桌面的大小相等，如图 1-1（b）所示。

在制图中，把表示光线的线称为投射线，落影平面称为投影面，产生的影子称为投影图。

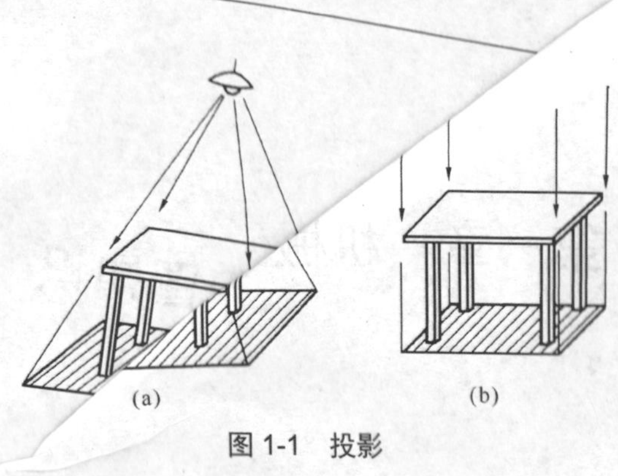

图 1-1　投影

二、投影与视图

1. 正投影

用一组平行射线，把物体的轮廓、结构、形状投影到与射线垂直的平面上，这种方法就称为正投影，如图 1-2 所示。

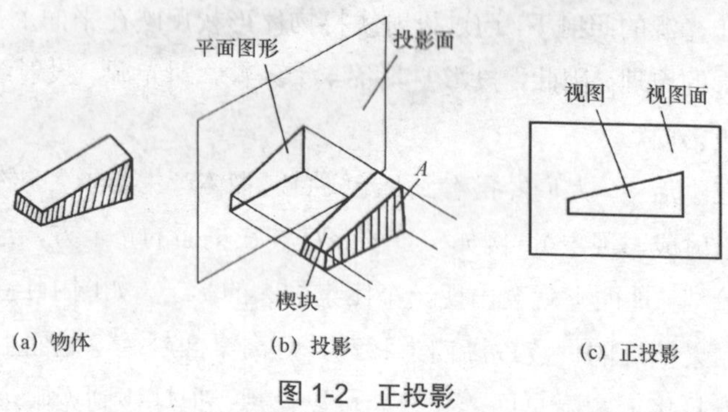

图 1-2　正投影

2. 两面视图

如图 1-3 所示，该物体形状比较简单，但用一面视图不能全部表达它的形状和尺寸，因此，该物体必须用两面视图来表示它的全貌。按主视方向在正面投影所获得的平面图形称为主视图，在左侧方向投影所获得的平面图称为左视图。为了将两面视图构成一个平面，按标准规定，正面不动，左侧面旋转 90°，这样就构成了一个完整的两面视图。从两面视图中，可以清楚地看出，主视图反映物体的长度和高度，左视图反映物体的高度和宽度。

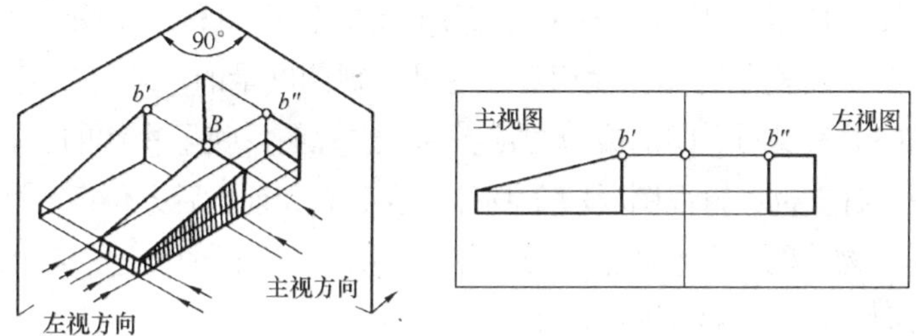

图 1-3　两面视图

3. 三视图

对于比较复杂的物体，只有两面视图不能全部反映物体的形状和尺寸，还需要增加一面视图，这就是由 3 个相互垂直的投影面构成的投影体系所获得的三面视图，俯视方向在水平投影所获得的平面图形，称为俯视图，如图 1-4 所示。

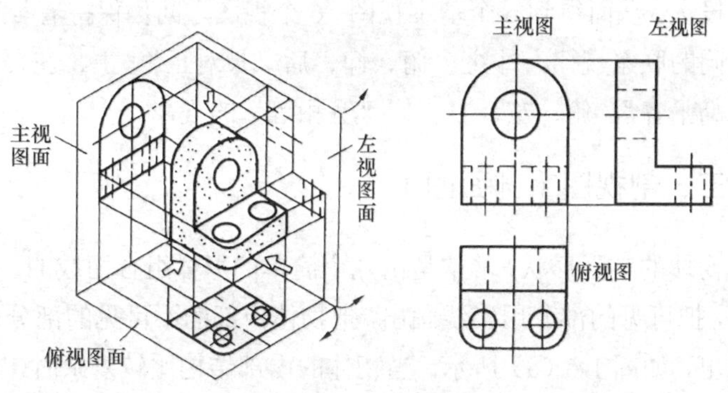

图 1-4　三视图

三视图之间的关系如下。

（1）位置关系。以主视图为准，俯视图在主视图下面，左视图在主视图右面。

（2）三视图之间的度量对应关系。主视图能反映物体的长度和高度，俯视图能反映物体的长度和宽度，左视图能反映物体的高度和宽度，所以主视图和俯视图长度相等，主视图和左视图高度相等，俯视图和左视图宽度相等。这是三视图度量的“三等”关系。

（3）三视图之间的方位对应关系。主视图反映了物体的上、下和左、右方位；俯视图反映了物体的左、右和前、后方位；左视图反映了物体的上、下和前、后方位，俯视图、左视图靠近主视图的为后面，远离主视图的为前面。

4. 多面视图

一般的物体用三视图即可表明其形状和尺寸，但在实际工作中使用的机械零件结构是多种多样的，有的用三视图还不能正确、完整、清晰地表达，因此，在国家标准中规定了多面视图。多面视图的表示方法如图 1-5 所示，就是用正六面体的 6 个面作为基本投影面，分前、后、左、右、上、下 6 个方向，分别向 6 个基本投影面正投影，从而得到 6 个基本视图。6 个视图之间仍保持着与三视图相同的联系规律，即主、俯、仰、后“长对正”，主、左、右、后“高平齐”，俯、左、右、仰“宽相等”的规律。

三、剖视图（剖面图）

物体的实际形状，常常是由几个简单的形体组合而成的。在制图中，把可见的部分用实线画出，把物体内部的不可见的部分用虚线画出，如图 1-6（a）所示。当物体的内部结构比较复杂时，在视图中会看到许多虚线，使内外形状重叠，虚线、实线交错，影响视图的清晰，给识图造成一定困难。为此，国家标准中采用了剖面图的方法，来表示物体内部的形状和尺寸。

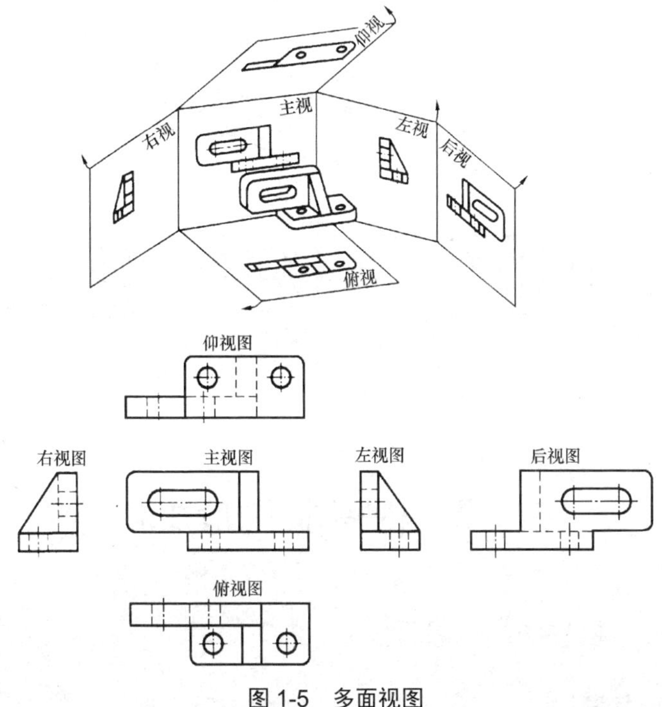

图 1-5　多面视图

剖面图，就是用一个假想的平面（剖切面）把物体的一部分切掉，使需要清楚表达的地方露出来。物体被切断的部分称为断面或剖切面，把断面形状以及剩余的部分用正投影的方法画出，所得到的就是剖面图，如图 1-6（b）所示。

看剖面图时，应首先注意剖切线符号，找到剖切面位置和剖面图的投影方向。如图 1-6 所示，A-A 剖面图是按剖切面位置向下投影，即物体切断后的水平投影图，B-B 剖面图是按剖切面位置切断后向后投影，即切断后的正立投影图。

在机械制图中，被剖切的平面用剖面线表示。在建筑制图中，断面的轮廓用粗线表示，未切到的可见线用细实线表示，不可见线一般不画出。

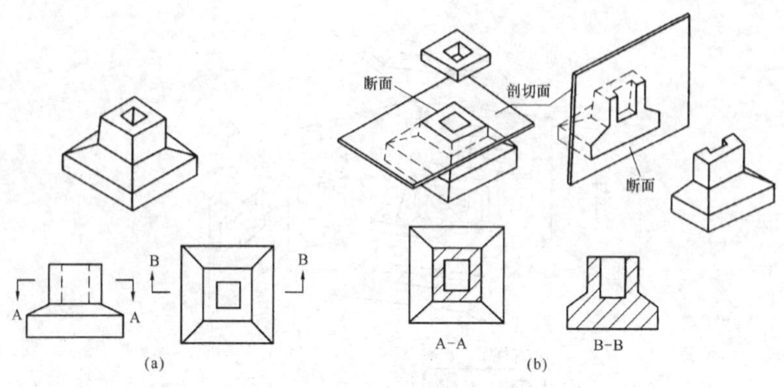

图 1-6　剖面图

第二节　机械图的一般知识

一、机械图的一般规定

1. 标题栏

机械图的标题栏，通常置于图纸的右下角，看图的方向与标题栏方向一致。特殊需要时也可以将标题栏移至右上方。

2. 比例

图样上的比例是指图中的图形与实物相应要素的线性尺寸之比，需要按比例绘制图样时，应在表 1-1 规定的系列中选取适当的比例。

表 1-1　图样的比例

项目	比例
原值比例	1∶1
放大比例	5∶1　2∶1　5×10^n∶1　2×10^n∶1　1×10^n∶1
缩小比例	1∶2　1∶5　1∶10 1∶2×10^n　1∶5×10^n　1∶10×10^n

注：n 为正整数。

3. 图线

各种图线的名称、形式、宽度以及在图上的应用范围见表 1-2。

表 1-2　图线

图线名称	图线形式及代号	图线宽度	一般应用
粗实线		b=0.5～2 mm	可见轮廓线、过渡线
细实线		约 $b/3$	尺寸线及尺寸界线、剖面线、重合剖面的轮廓线
波浪线		约 $b/3$	断裂处的边界线、视图和剖视的分界线
双折线		约 $b/3$	断裂处的边界线
虚线		约 $b/3$	不可见轮廓线、过渡线
细点划线		约 $b/3$	轴线、对称中心线、轨迹线
粗点划线		b	有特殊要求的线或表面的表示线
双点划线		约 $b/3$	相邻辅助零件的轮廓线、极限位置的轮廓线

4. 尺寸标注

物体无论是组合体还是基本形体，都必须有长、宽、高三方面的尺寸。因此，一般都有 3 个方向的基准。组合体的标注可分为以下几种。

（1）定形尺寸。它确定组合体各基本形状大小和尺寸（mm），如图 1-7 所示。底板尺寸“60×22×6”，以及 2 个孔尺寸“2×ϕ6”，圆筒直径“ϕ22”、孔径“ϕ14”和长度“24”3 个尺寸均为定形尺寸。

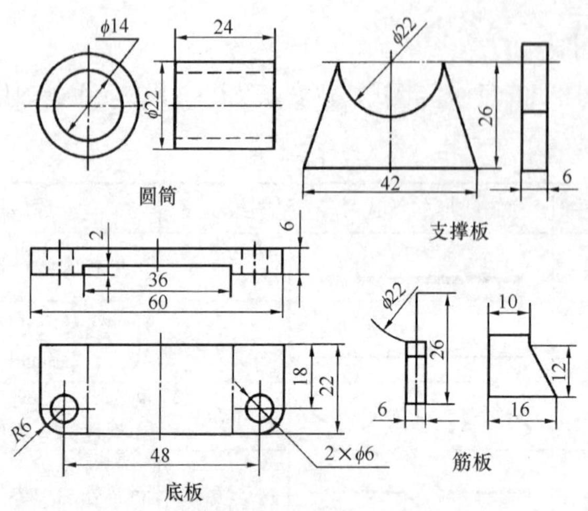

图 1-7　定形尺寸

（2）定位尺寸。它是确定形体间相对位置的尺寸（mm），如图 1-8 所示。圆筒与底板相对位置的尺寸，由中心和圆筒在支撑板后面的伸出长度以及两个通孔位置等尺寸组成，如“32×6”“16×48”均为定位尺寸。

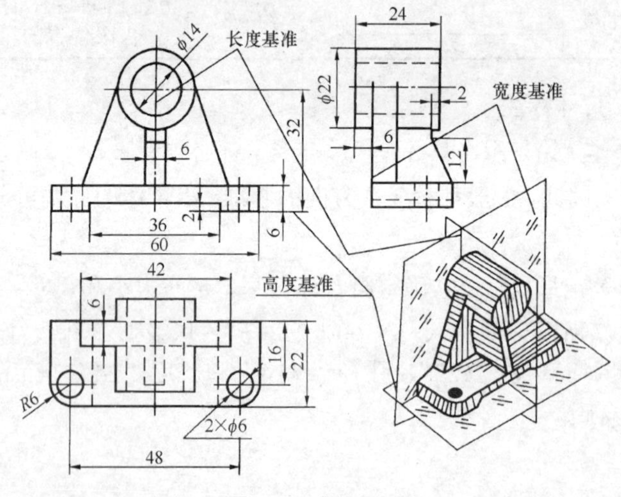

图 1-8　定位尺寸

（3）总体尺寸。它是组合体的高度、全宽、全长的尺寸，图 1-8 中的“48×60×28”为总体尺寸。

二、机械零件图识读

1. 零件图

零件图是表示零件结构、大小及技术要求的图样，是生产的基本技术文件，以及直接指导零件制造加工和检验的图样。

（1）零件图的内容。一张完整的零件图应包括以下内容：

①一组视图。指用以表达出零件内外形状和结构的一组视图（基本视图、剖视图、剖面图等），图 1-9 为轴承座零件。

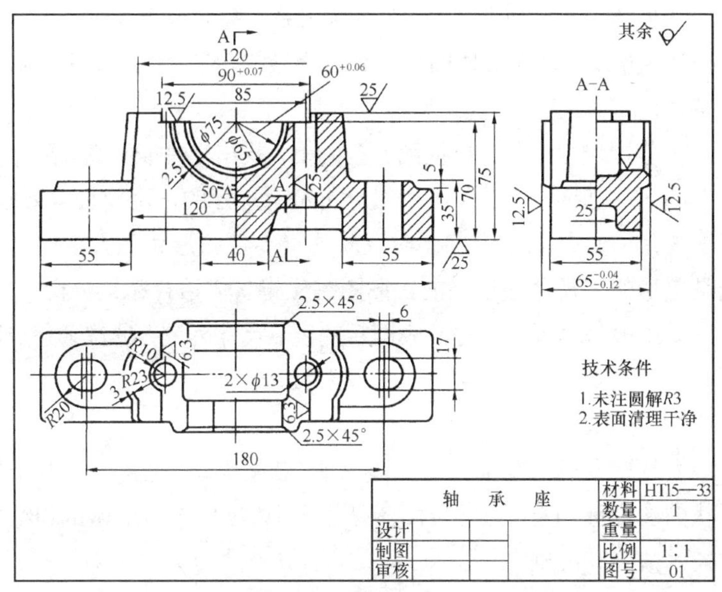

图 1-9　轴承座零件

②足够和合理的尺寸。用以准确表示零件的大小以及各部结构的相对位置。

③技术要求。用数字、文字或标准代号表示零件在制造加工及检验时应达到的技术要求，如表面粗糙度、形状和位置公差、镀覆要求、热处理要求等。

④标题栏。说明零件的名称、材料、数量、比例、图号、设计、绘图、审核人员的签名和日期、设计单位等。

（2）零件图的识读。识读零件图的方法步骤如下：

①看标题栏。以了解零件名称、图号、材料及比例等。

②分析视图。要弄清各视图的名称，区分主视图、俯视图，找出视图之间的对应关系。找到剖视图、剖面图的剖切位置及投影方向。

③形体分析。利用“三等”对应关系，将整体分解成若干基本几何体，再分析这些形体的变化和细小结构，综合起来搞清楚物体的整体形状。

④分析尺寸。在分析视图的基础上，找出零件长、宽、高 3 个方向的尺寸基准，再从基准出发分析每个尺寸的作用及公差要求。视图的尺寸是从两个方向同时反映同一零件的形状和大小的。视图是定形的，尺寸是定量的，读图时应将它们结合起来分析。

⑤了解技术要求。对于表面粗糙度、尺寸公差、形位公差、表面修饰、热处理等均应弄清其意义和要求。

2. 装配图

表达整台机器或部件的工作原理、装配关系、连接方式及结构形状的图样称为装配图。装配图是生产中装配、检验、调试和维修的技术依据和准则。

（1）装配图的内容：

①一组视图。用必要的基本视图、剖视图和剖面图来表达机器的结构、工作原理、装配关系、连接方式及主要零件的基本形状。

②一组尺寸。根据装配图的功用，标注出与机器性能、装配、

调试、安装等有关的尺寸。如表明其特性、规格、外形、配合、安装以及零件、部件之间相对位置的尺寸。

③技术要求。用文字或符号说明装配过程中的注意事项和装配后应满足的要求。

④明细表。明细表是机器或部件的全部零件目录。它在标题栏上方，内容包括序号、代号（图号）、名称、数量、材料、重量和备注。装配图中零件、部件的序号与明细表中同名零件、部件序号应一致。

（2）装配图的识读：

①熟悉装配图，建立初步印象。首先从标题栏了解机器或部件的名称，然后通过有关技术资料或说明，联系以往的实际工作经验，就可以知道该机器或部件的大致性能、用途和结构特点的基本情况。

②分析视图。根据图样上的视图和标注，搞清各图之间的投影关系以及它们所表示的主要内容。一般主视图多是根据机器设备的工作位置和装配关系最明显的一面选取的，因此在看装配图时都要着重研究主视图。

③分析工作原理和装配关系。深入阅读装配图，搞清部件的支承、调整、润滑、密封等结构形式，弄清零件接触面、配合面的配合性质。此外，还可以从外形尺寸了解机器或部件体积的大小，从明细表和零件序号中了解其组成。

④综合归纳建立完整的认识。在对机器或部件有一定了解的基础上，明确了零件的装配关系以后，结合安装使用综合全面考虑，进行归纳总结，从而提出装配方案。

第二章　力学基础知识

第一节　理论力学基础知识

一、力和力系

1. 力的概念

力是看不见、摸不着的，它是人们在长期生产实践中，观察物体之间相互作用的表面现象而抽象出来的概念。这里所说的相互作用，仅指物体间的机械作用，这种机械作用的结果，总伴随着物体机械运动状态发生变化（包括变形）的表面现象。由此力的定义为力是物体间的机械作用，这种作用可使物体的机械运动状态发生变化或使物体的形状发生变化。

物体间相互作用的方式，有的是直接接触，例如，机动车对车厢的牵引力、物体表面之间的摩擦力等；也有的不是直接接触，例如，地球对物体的吸引力、磁性物体间的引力和斥力等。

实践表明，力对物体的作用效果取决于 3 个要素：力的大小、力的方向和力的作用点。改变任何要素都会改变力对物体的作用效果。

我们用带箭头的直线段表示力的矢量的 3 个要素，如图 2-1 所示。矢量的……一定比例尺寸表示力的大小；矢量的方向表示力的方向；……矢量 $\overline{AB}$ 所沿着的直线（图 2-1……（点 A）表示力的作用点。……表示力的作用线。我们常用黑体字母 $\boldsymbol{F}$ 表示力的矢量，而用……F 表示力的大小。

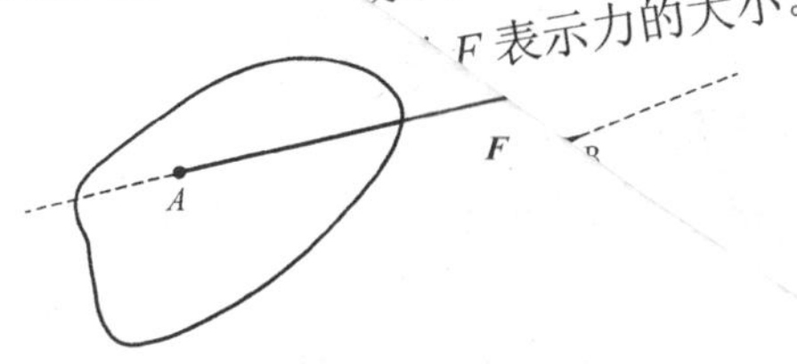

图 2-1　力的矢量表示

为了衡量力的大小，必须确定力的单位。在国际单位制（SI 制）中，以“牛顿”作为力的单位，记作 N。有时也以“千牛顿”作为单位，记作 kN。在工程单位制中，力的常用单位是“千克力”，记作 kgf；有时也采用“千公斤力”即“吨力”，记作 tf。本书采用国际单位制。牛顿和公斤力的换算关系是 1 kgf≈9.8 N。

力是物体间的相互作用，因此它们必然是成对出现的。一个物体以一个力作用于另一个物体上时，另一个物体必以一个大小相等、方向相反且沿同一个作用线的力作用在此物体上，即作用力和反作用力大小相等、方向相反，分别作用在两个物体上。

2. 力系

所谓力系，是指作用于物体的一群力。

按照力系中各力的作用线是否在同一个平面内来分类，可将力系分为平面力系和空间力系两类。平面力系又可以分为平面汇交力系、平面平行力系和平面任意力系 3 类。

平面汇交力系指各力的作用线都在同一平面内，且汇交于一点的力系。

平面平行力系指各力的作用线都在同一平面内，并且互相平行的力系。

平面任意力系指作用在物部分布在同一平面内，或近似地分布在同一平面内，的作用线任意分布不交于一点的力系。

二、约束和约束反力

有些物体，例如，飞行中的飞机、炮弹和火箭等，在空间的位移不受任何限制。位移不受限制的物体称为自由体。而有些物体，如机车、电机转子、吊车钢索上悬挂的重物等，在空间的位移都受到一定的限制。机车受铁轨的限制，只能沿轨道运动；电机转子受轴承的限制，只能绕轴线转动；重物受钢索的限制，不能下落。位移受到限制的物体称为非自由体。对非自由体的某些位移起限制作用的周围物体称为约束。例如，铁轨对于机车、轴承对于电机转子、吊车钢索对于重物等，都是约束。

既然约束阻碍着物体的运动，也就是约束能够起到改变物体运动状态的作用，所以约束对物体的作用，实际上就是力，这种力称为约束反力。因此，约束反力的方向与该约束所能阻碍的运动方向相反。应用这个准则，可以确定约束反力的方向或作用线的位置，至于约束反力的大小总是未知的。在静力学问题中，约束反力和物体受的其他已知力（称为主动力）组成平衡力系，因此可用平衡条件求出约束反力。

下面介绍几种在工程实际中常遇到的简单的约束类型和确定约束反力的方法。

（1）具有光滑接触表面的约束。光滑支承面对物体的约束反力，作用在接触点处，方向沿着接触表面的公法线，并指向受力物体。这种约束反力称为法向反力，一般用 N 表示，如图 2-2 所示。

（2）由柔软的绳索构成的约束。如图 2-3 所示，由于柔软的绳索本身只能承受拉力，所以它给物体的约束反力也只能是拉力。因此，绳索对物体的约束反力，作用在接触点，方向沿着绳索背离物体。通常用 T 或 P 表示这类约束反力。

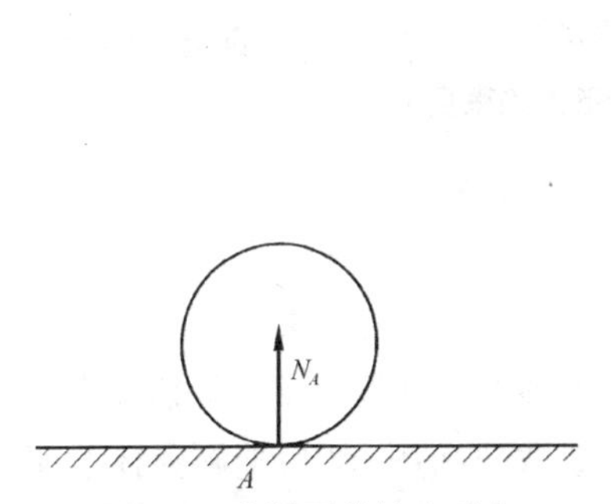

图 2-2　光滑面的约束反力

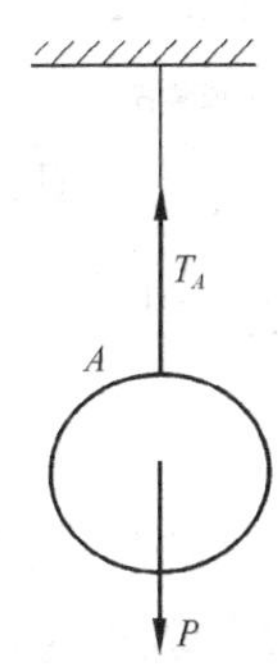

图 2-3　绳索的约束反力

（3）光滑铰链约束。这类约束有向心轴承、圆柱形铰链和固定铰链支座等。图 2-4（a）为轴承装置，可画成如图 2-4（b）或图 2-4（c）所示的简图。轴可以在孔内任意转动，也可以沿着孔的中心线位移，但是轴承阻碍着轴沿着径向向外的位移。设轴和轴承在点 A 接触，且摩擦忽略不计，则轴承对轴的约束力 N_A 作用在接触点 A，沿公法线且指向轴心，如图 2-4（a）所示。

随着轴所受的主动力变化，轴和孔的接触点位置也不同。所以，当主动力尚未确定时，约束反力的方向预先不能确定。然而，无论约束反力朝向何方，它的作用线必垂直于轴线并通过轴心。通常这样一个方向不能预先确定的约束力，用通过轴心的两个大小未知的正交分力 X_A、Y_A 来表示，如图 2-4（b）、（c）所示。

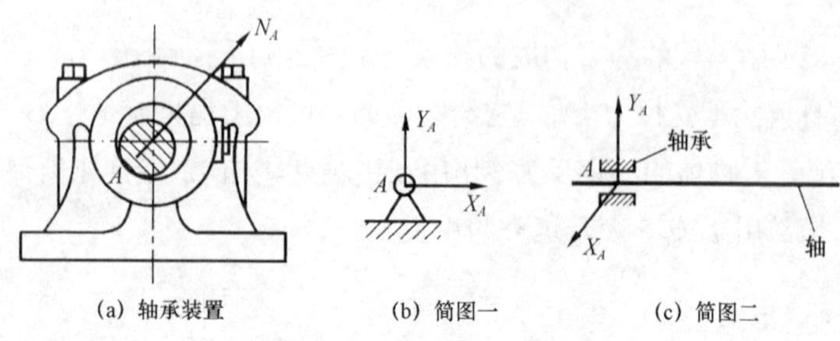

(a) 轴承装置　　(b) 简图一　　(c) 简图二

图 2-4　光滑铰链的约束反力

三、受力图

为了清晰地表示物体的受力情况，我们把需要研究的物体（称为受力体）从周围的物体（称为施力体）中分离出来，单独画出它的简图，这个步骤称为取研究对象或取分离体。然后把施力体对研究对象的作用力（包括主动力和约束力）全部画出来。这种表示物体受力的简明图形，称为受力图。画物体受力图是解决静力学问题的一个重要步骤。

四、力的合成与分解

1. 力的合成

当一个物体同时受到几个力的作用时，可以用一个合力来代替这几个力的作用。求几个力的合力称为力的合成。

（1）在同一直线上作用的合力。如图 2-5 所示，有 3 个人共同用一根绳索吊起一个重物，他们的用力方向都是向下的，如果甲出力 150 N，乙出力 200 N，丙出力 180 N，则他们的合力为 $F_{甲}$、$F_{乙}$、$F_{丙}$三力相加，等于 530 N。合力的方向与各人用力的方向一致，都是向下的，力的作用点在同一根绳上。

如果作用在一条直线上的 2 个力方向相反，其合力的大小等于大力减小力，方向即为大力的方向。如拔河比赛中两队同拉一根绳索，甲队的力量大，那么绳索就会被甲队拉过去，合力的方向就是甲队所拉的方向。

（2）同方向平行力的合力。在起重吊装施工中用的平衡梁（铁扁担），挂在它下面的两根吊索千斤绳所受的力，基本上是两个平行力，如图 2-6 所示。这两个力的方向相同，都是向下的。

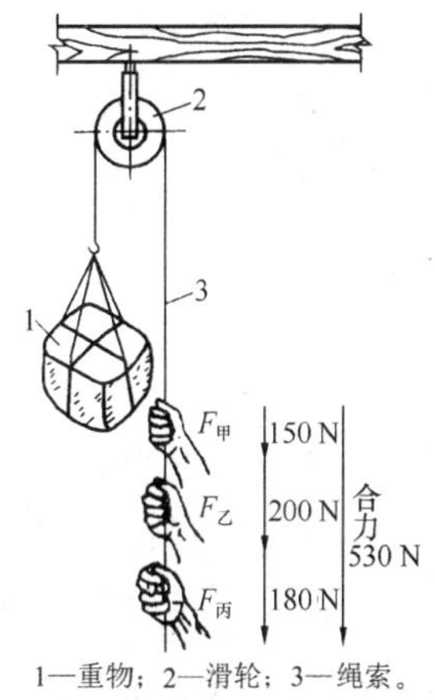

图 2-5　作用在同一直线上力的合成

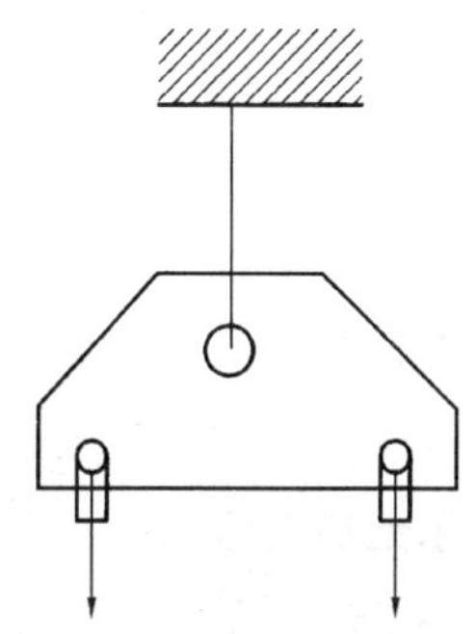

图 2-6　同方向平行力的合成

两个方向相同、大小相等的平行力的合成，其大小为两力相加，合力的作用点在两力中间；当两个力大小不等时，则作用点距两力间的距离同力的大小成反比。如图 2-7 所示，甲、乙两物体挂在一根梁的两端，$F_{甲}=100\ \mathrm{N}$，$F_{乙}=200\ \mathrm{N}$，其合力 $F_{丙}$ 为甲、乙两力相加，方向都是向下的。合力的作用点的位置应符合下面的比例关系：

$$\frac{AC}{BC}=\frac{F_{乙}}{F_{甲}}$$

从图 2-7 中可以看出，$F_{乙}$ 为 $F_{甲}$ 的 2 倍，AC 距离为 BC 距离的 2 倍。如在梁上合力作用点 C 处用一根绳索吊起，则绳索拉力

与 $F_{丙}$ 大小相等、方向相反，而且作用在同一直线上。

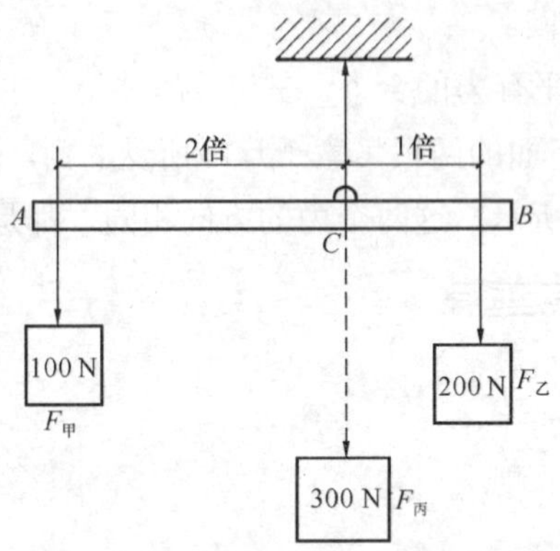

图 2-7　两力不等时平行力的合成

如果同方向的平行力为 3 个或更多时，求它们的合力，可先求出其中两个力的合力，再求此合力与其他力的合力，以此类推便可求出最后的合力。

（3）作用在一点有夹角的两力的合力。一个固定的吊环，受到两根有夹角 α 的绳索拉力的作用。如图 2-8（a）所示，若其中一绳拉力为 20 kN，另一绳拉力为 30 kN，则作用在 *A* 点上的这两个力的合力 F_3，如图 2-8（b）所示，可用作图方法求出。作图顺序如下：

①从 *A* 点顺着力的方向将 F_1、F_2 按比例画出，如取 1 cm 表示 10 kN，则画出 F_1 为 *AB*，其长度等于 2 cm，表示 20 kN；F_2 为 *AC*，长度等于 3 cm，表示 30 kN。

②画出 *BD* 平行于 *AC*，*CD* 平行于 *AB*，相交于 *D* 点，然后连接 *AD*，*AD* 即为 F_3。

③量出 *AD* 的长度为 4.2 cm，即 F_1 和 F_2 合力为 42 kN。

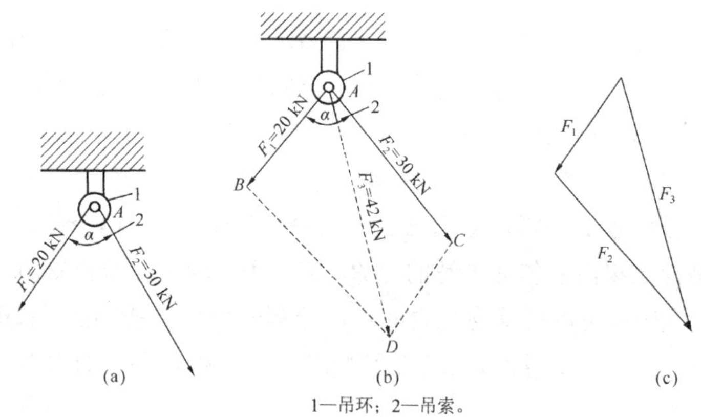

1—吊环；2—吊索。

图 2-8　作用于同一作用点有夹角的两力的合成

这种作图法称为力的平行四边形法则，即作用在物体上同一点的两个力，可以合成为一个合力，合力的作用点也在该点，合力的大小和方向由以这两个力为边构成的平行四边形的对角线确定。由于平行四边形对边相等，图 2-8（b）中的两个三角形完全相同，因此在求合力时，不必画出整个平行四边形，只画出其中一个三角形即可，如图 2-8（c）所示，此法叫三角法。

根据余弦定理可得，合力 F_3 的大小可用式（2-1）计算。

$$F_3=\sqrt{F_1^2+F_2^2+2F_1F_2\cos\alpha} \tag{2-1}$$

从上面可以看出，合力 F_3 随 F_1、F_2 夹角的变化而变化，夹角越大、合力越小，夹角越小则合力越大。当 F_1、F_2 完全重合在一条直线上时，合力 F_3 最大，这时合力 F_3 为 F_1、F_2 相加，等于 50 kN。

2. 力的分解

把一个力分成几个力，且这几个力所产生的效果与原来一个力产生的效果相同，则这几个力称为原来那个力的分力。求一个力的分力称为力的分解。

力的分解和前面讲的力的合成恰恰相反，力的合成是已知分力求合力，而力的分解则是已知合力求分力。把一个合力分解成两个分力，只要知道合力的大小、方向和分力的方向，便可用力的平行四边形法则或力的三角形法则来求出分力的大小。

如图 2-9 所示，从汽车上卸一件重 1 200 N 的物体时，如让重物 3 沿滑板 2 下滑，则重物 3 的重力在滑板上产生两个分力。一个是使重物沿着斜面下滑的力 *P*，另一个是使重物压在斜面上的力 *N*。因此可以把重物 3 的重力 *G* 分解成平行于斜面的 *P* 和垂直于斜面的 *N*。现用力的三角形法则求分力 *P* 和分力 *N* 的大小。

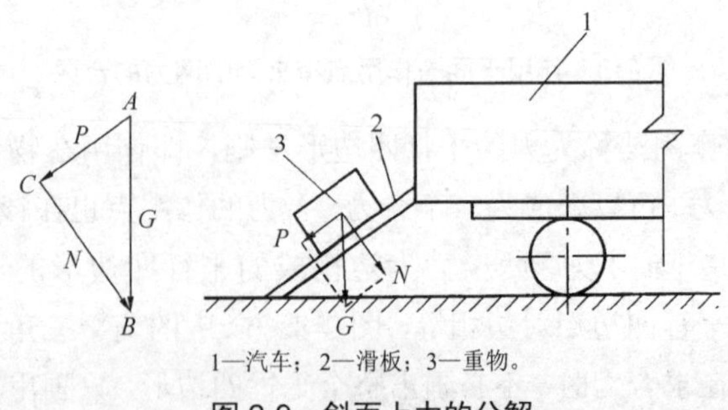

1—汽车；2—滑板；3—重物。

图 2-9 斜面上力的分解

1）取 1 mm 表示 50 N，并画出重物 3 的重力 *G* 的大小和方向 *AB*，*AB* 线段长 24 mm，表示 1 200 N。

2）从 *A* 点画 *AC* 平行于 *P*，从 *B* 点画 *BC* 平行于力 *N*，两者相交于 *C* 点，则线段 *AC* 长度即为力 *P* 的大小，线段 *CB* 长度即为力 *N* 的大小。

3）量 *AC* 等于 15 mm，即力 *P* 大小为 750 N；*CB* 长度等于 20 mm，即力 *N* 大小为 1 000 N。

五、力在轴上的投影

设在物体上的点 *A* 作用一力 *F*，如图 2-10 所示。在力的同平面内取 *x* 轴，从力 *F* 两端分别向 *x* 轴作垂线，垂足为 *a* 和 *b*，线段

ab 的长度冠以适当的正负号，就表示这个力在 x 轴上的投影，记为 X 或 F_x。如果从 a 到 b 的指向与投影轴的正向一致，则力 F 在 x 轴上的投影 X 定为正值，反之为负值，如图 2-10 所示。如力 F 与 x 的正向间的夹角为 α，则有

$$X = F\cos\alpha$$

即力在某轴上的投影，等于力的大小乘以力与投影轴正向间夹角的余弦。当夹角为锐角时，X 为正值；当夹角为钝角时，X 为负值。故力在轴上的投影是个代数量。

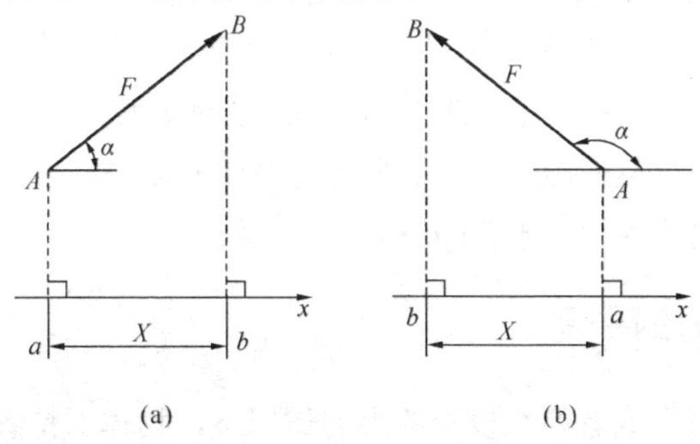

图 2-10　力在轴上的投影

六、力矩

用扳手拧动螺母时，螺母的轴线固定不动，轴线在图面上的投影为点 O，如图 2-11 所示。若在扳手上作用一个力 F，则该力在垂直于固定轴的平面内。由经验可知，拧动螺母的作用不仅与力 F 的大小有关，而且与点 O 到力的作用线的垂直距离 h，即力臂有关；另外，力 F 使扳手绕点 O 转动的方向不同，作用效果也不同。

由此可见，力 F 使物体绕点 O 转动的效果，完全由 2 个因素决定：力的大小与力臂的乘积 Fh、力使物体绕点 O 转动的方向。

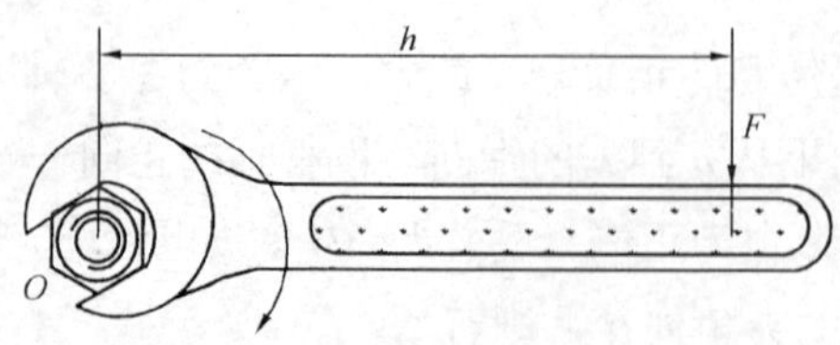

图 2-11　扳手拧螺母示意

这两个因素可用一个称之为力矩的代数量表示，它的绝对值等于力的大小与力臂的乘积，它的正负确定方法为力使物体绕点 O（矩心）逆时针转向为正，反之为负。

力 F 对于点 O 的力矩以记号 $m_O(F)$ 表示。力矩在下列两种情况下等于零：力等于零，或力的作用线通过矩心，即力臂等于零。

力矩的单位在国际单位制中常用牛顿 • 米（N • m），在工程单位制中常用千克力 • 米（kgf • m）。

七、力的平衡

如在两个或者两个以上的力的作用下，物体保持静止不动或做匀速运动的状态，这种现象称为力的平衡。

1. 平面汇交力系的平衡条件

平面汇交力系的平衡条件是它们的合力等于零，即各力在 2 个坐标轴上投影的代数和分别等于零，平衡方程式为

$$\begin{cases}\sum_{i=1}^{n} X_i = 0 \\ \sum_{i=1}^{n} Y_i = 0\end{cases} \tag{2-2}$$

二力平衡原理：物体在两个力的作用下保持平衡的条件是，这两个力大小相等、方向相反，且作用在同一直线上。

三力平衡汇交定理：作用于物体上 3 个相互平衡的力，若其中两个力的作用线汇交于一点，则此三力必在同一平面内，且第 3

个力的作用线通过汇交点，即此力系一定是平面汇交力系。

【例 2-1】 如有一根钢梁自重力 30 kN，由 1、2 两根长度相同、与水平线的夹角为 45° 的吊索吊起，如图 2-12（a）所示，试求这两根吊索受力大小。

绘图法：根据力的平衡条件，取 1 cm 表示 10 kN，平行于重力方向画出梁重 30 kN、长度为 3 cm 的线段 AB，在同一条直线上沿梁重的相反方向画出与梁重大小相等的力的线段 AC，则这个力与梁重互为平衡。然后把这个力按照两根吊索的夹角进行力的分解，画出平行四边形 $ADCE$，量出 AD、AE 长度，即可得 1 和 2 两根吊索所受的拉力各为 21.2 kN，如图 2-12（b）所示。

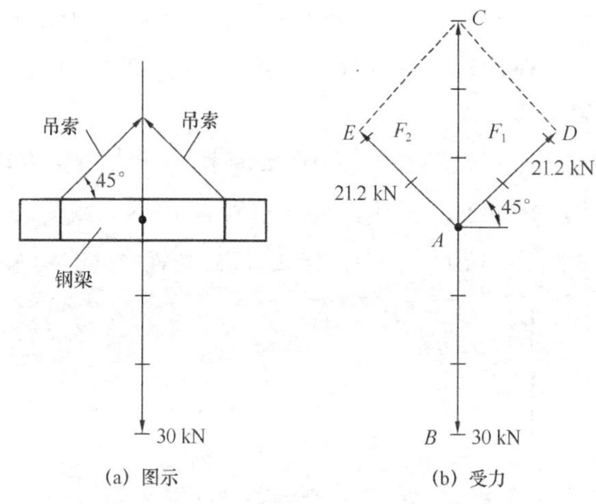

图 2-12　钢梁被吊起时力的平衡

解析法：选取 x 轴为水平方向，据平衡方程

$$\begin{cases} \sum_x = 0,\ F_1 \times \cos 45^\circ + F_2 \times \cos 135^\circ = 0 \\ \sum_y = 0,\ F_1 \times \sin 45^\circ + F_2 \times \sin 45^\circ - 30 = 0 \end{cases}$$

解得 F_1=F_2=21.2 kN

2. 平面任意力系的平衡条件

平面任意力系的平衡条件是所有各力在 2 个任选的坐标轴中每一轴上的投影的代数和分别等于零，以及各力对于任意一点的矩的代数和也等于零。平衡方程为

$$\begin{cases}\sum_{i=1}^{n} X_i = 0 \\ \sum_{i=1}^{n} Y_i = 0 \\ \sum_{i=1}^{n} m_O(F_i) = 0\end{cases} \quad (2\text{-}3)$$

在力的作用下，能够围绕某一固定支点转动的构件称为杠杆，如撬棍、秤、钳子等。杠杆作为平面一般力系的一种情况，它的平衡条件是作用在杠杆上各力对固定点（支点）的力矩代数和为零，即合力矩等于零。

【**例 2-2**】起重机的水平梁 AB，A 端以铰链固定，B 端用钢丝绳 BC 拉住，如图 2-13 所示。梁自重力 P=4 kN，载荷 Q=10 kN。梁的尺寸如图 2-13 所示。试求拉杆的拉力和铰链 A 的约束反力 R_A。

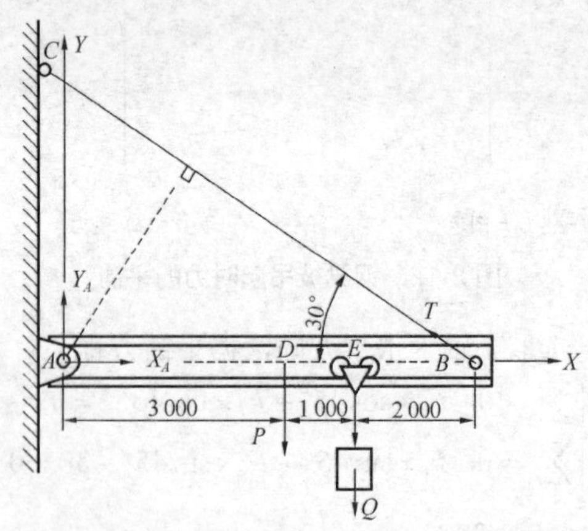

图 2-13　起重机水平梁受力示意

解：

①选取梁 AB 与重物一起作为研究对象。

②画受力图。在梁上除了受已知力 P 和 Q 的作用外，还受未知力钢丝绳拉力 T 和铰链 A 的约束反力 R_A 的作用。钢丝绳拉力 T 沿着连线 BC 方向，力 R_A 的方向未知，故分解为两个分力 X_A 和 Y_A。这些力的作用线可近似地认为分布在同一平面内。

③列平衡方程。由于梁 AB 处于平衡，因此这些力必然满足平面任意力系的平衡方程。取坐标轴如图 2-13 所示，应用平面任意力系的平衡方程，得

$$\begin{cases}\sum X = 0, & X_A - T\cos 30° = 0 \\ \sum Y = 0, & Y_A + T\sin 30° - P - Q = 0 \\ \sum m_A(F) = 0, & T \times AB \times \sin 30° - P \times AD - Q \times AE = 0\end{cases}$$

④解联立方程得

$$\begin{cases}T = 17.33\ \text{kN} \\ X_A = 15.01\ \text{kN} \\ Y_A = 5.33\ \text{kN}\end{cases}$$

八、摩擦

按照接触物体之间的运动情况，摩擦可分为滑动摩擦和滚动摩擦。当两物体接触处有相对滑动或相对滑动趋势时，在接触处的公切面内将受到一定的阻力阻碍其滑动，这种现象称为滑动摩擦。如活塞在汽缸中滑动，就有滑动摩擦。当两个物体有相对滚动或相对滚动趋势时，物体间产生相对滚动的阻碍称为滚动摩擦。如车轮在地面上滚动就有滚动摩擦。

摩擦对人类的生活和生产既有有利的一面，也有不利的一面。例如，没有摩擦，人不能行走，车辆不能行驶。有时还直接利用摩

擦传输动力，完成特定的工作，因此，摩擦有利于生活和生产。但是，在各种机器的运转中，摩擦不仅消耗大量的能量，而且还会磨损部件，摩擦又不利于生产。研究摩擦的任务在于掌握摩擦的规律，尽量利用摩擦有利的一面，同时尽量减少或避免它不利的一面。

1. 滑动摩擦力的计算

当两个相互接触的物体，其接触表面之间有相对滑动时，彼此间作用着的阻碍相对滑动的阻力称为滑动摩擦力，以 F 表示。

①滑动摩擦力的大小与接触物体间的正压力（法向压力）N 的大小成正比，即

$$F=fN \tag{2-4}$$

式中，f——滑动摩擦因数，它与接触物体的材料和表面情况有关。

②滑动摩擦力的方向与接触物体间相对速度的方向相反。

③滑动摩擦因数与接触物体间相对滑动的速度大小有关。当相对滑动速度不大时，滑动摩擦因数可近似地认为是个常数，参见表 2-1。

表 2-1　几种不同材料间的滑动摩擦因数 f 值

摩擦材料	摩擦因数（f 值）	摩擦材料	摩擦因数（f 值）
硬木与硬木	0.35～0.55（干燥），0.11～0.18（润滑）	钢与碎石路面	0.36～0.39
硬木与钢	0.4～0.6（干燥），0.1～0.15（润滑）	钢与花岗石路面	0.27～0.35
硬木与土壤	0.5	钢与黏土和湿土路面	0.4～0.45
硬木与湿土、黏土路面	0.45～0.5	钢与冰和雪	0.01～0.02
硬木与冰和雪	0.02～0.04	混凝土与土	0.6
钢与钢	0.12～0.4（干燥），0.08～0.25（润滑）	混凝土与石板面	0.7

④在水平滑道上滑动时，牵引力按式（2-5）计算：

$$F=KfG \tag{2-5}$$

式中，F——滑动时的牵引力，kN；

K——考虑由于摩擦面高低不平和单位面积压力较大时的修正系数，一般 K=1.2～1.5，若对吨位较大的重物进行计算，另需考虑从静止到运动的因素时，K 可取 2.5；

f——滑动摩擦因数；

G——物体的重力，kN。

⑤在倾斜滑道上滑动时，牵引力按式（2-6）计算：

$$F = K(f\cos\alpha \pm \sin\alpha)G \tag{2-6}$$

式中，α——滑道与水平面的夹角；

±——上坡为正，下坡为负。

由上述公式可看出，下坡滑动时，当 α 增大到一定值 φ 时，F 等于零，即当 α 小于 φ 时，不施加力的情况下，物体在斜道上静止，当 α 大于 φ 时，不施加力的情况下，物体也将下滑，φ 的值为摩擦角。

$$\tan\varphi = f \tag{2-7}$$

即摩擦角的正切等于滑动摩擦因数。斜面的自锁条件是斜面的倾角小于或等于摩擦角。

2. 滚动摩擦力偶矩计算

由实践可知，使滚子滚动比使它滑动省力，所以在工程实际中，为了提高效率，减轻劳动强度，常利用物体的滚动代替物体的滑动。

当两个相互接触的物体，其接触表面之间有相对滚动时，彼此间作用着阻碍相对滚动的阻力偶矩，这种阻力偶矩称为滚动摩擦力偶矩，用 M 表示。实践和实验表明：最大滚动摩擦力偶矩与滚子半径无关，而与支承面的正压力（法向反力）N 的大小成正比，即

$$M=\mu N \tag{2-8}$$

式中，μ——比例常数，称为滚动摩擦因数，mm。

由式（2-8）可知，滚动摩擦因数具有长度的量纲，单位一般用 mm 或 cm。不同材料的滚动摩擦因数见表 2-2。

表 2-2　几种不同材料间的滚动摩擦因数

摩擦材料	滚动摩擦因数/mm	摩擦材料	滚动摩擦因数/mm
木材与木材	0.5～0.8	钢滚杠和钢拖排	0.7
木材与钢	0.3～0.5	钢滚杠与木材	1
钢与钢	0.05	钢滚杠与土地	1.5
淬火的钢珠与钢	0.01～0.04	钢滚杠与水泥地	0.8
汽车轮胎沿着沥青路面	0.15～0.21	钢滚杠与钢轨	0.5

①在水平滚动道上滚动时，如图 2-14 所示，牵引力 F 按式（2-9）计算。

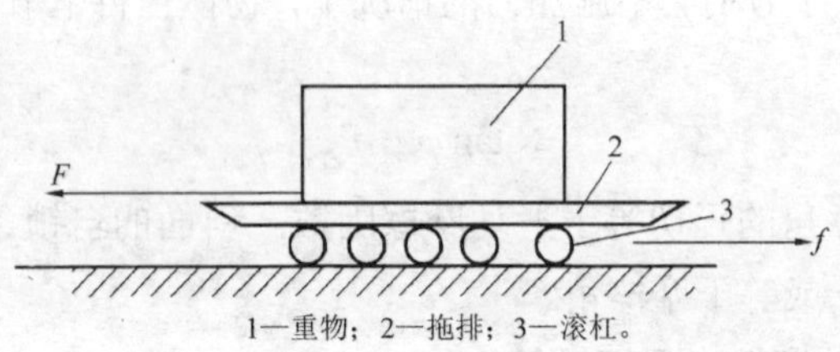

1—重物；2—拖排；3—滚杠。

图 2-14　钢滚杠搬运布置示意

$$F=k\frac{\mu_1\left(G+gm\right)+\mu_2 G}{D} \tag{2-9}$$

式中，G——设备重量，N；

g——每根钢滚杠的重量，N/根；

m——钢滚杠数量，根；

D——钢滚杠直径，mm；

μ_1——钢滚杠与钢滚杠下平面间的滚动摩擦因数，mm；

μ_2——钢滚杠与拖排间的滚动摩擦因数，mm；

k——启动系数，根据路面及上下滚道、钢滚杠等材料的各种影响因素的程度而定。钢滚杠对钢轨时 $k=1.5$；钢滚杠对木材时 $k=2.5$；钢滚杠对土地时 $k=3\sim5$。

由于每根钢滚杠重量比设备轻得多，钢滚杠重量可忽略不计，可简化为

$$F=k\frac{\mu_1+\mu_2}{D}G \tag{2-10}$$

②在上坡道上滚运时，如图 2-15 所示，牵引力按式（2-11）计算。

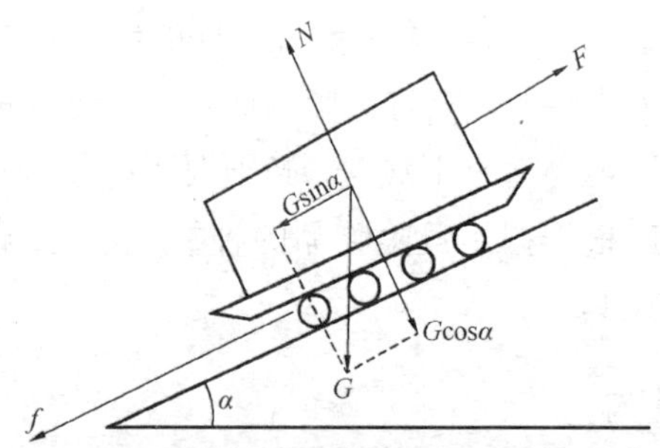

图 2-15　上坡道钢滚杠搬运布置示意

$$F=k\left(\frac{\mu_1+\mu_2}{D}+\tan\alpha\right)G\cos\alpha \tag{2-11}$$

式中，α——斜面与水平面的夹角，(°)。

在起重作业中，我们经常利用减少摩擦力的方法搬运、装卸重物和设备。在搬运中型的物件和设备时，一般采用滚运的方法。滚运是在重物下设置上、下滚道和钢滚杠，使重物随着上、下滚道间钢滚杠的滚动而向前移动。

移动重量不是很大的物件时，上、下滚道可用硬木制作，钢滚杠可用圆的硬木或钢管。移动重型物件时，上、下滚道可用型钢制

作，钢滚杠可用厚壁钢管或圆钢，钢滚杠的直径可根据不同载荷选择，一般为 50～150 mm；钢滚杠之间排列的距离可根据物件的长度和载荷来决定，一般为 300～400 mm。

钢滚杠的长度比下滚道宽 200～400 mm，在滚运物件时，物体的前进方向由钢滚杠的方向控制，钢滚杠与滚道轴线垂直时，重物直线前进，钢滚杠偏转某一侧，重物也随之转向某一侧。调整有载荷钢滚杠时应用大锤敲击钢滚杠两端。无载荷钢滚杠若用手调整或搬运，应两人各持钢滚杠两端搬动，注意不要被滚动中的钢滚杠将手压伤。搬运重量轻的物件时，可以使用人力驱动绞磨；当搬运重型物件时，应用电动卷扬机和滑车配合使用。必须有专人指挥、专人放置钢滚杠。牵引物件的绳索位置不要系挂太高，当搬运高大物件时，应防止倾倒或摇晃，要将重物捆绑固定在排撬上。搬运重物遇有下坡时，必须要用拖拉锚绳牵制。搬运危险物品时，应根据搬运危险物品的种类、形状、体积、重量等检查所使用的工具。

九、惯性力

任何物体在没有受到其他物体作用时都具有保持原来运动状态的性质，这种性质在力学中称为物体的惯性。

当物体在力的作用下运动状态发生变化时，由于物体的惯性产生的对外界的反作用力称为物体的惯性力。惯性力的大小等于质量与加速度的乘积，方向与加速度相反，作用在使之产生加速度的施力物体上，惯性力的大小可用式（2-12）表示。

$$F_g = m\frac{\Delta v}{\Delta t} \tag{2-12}$$

式中，F_g——惯性力，N；

m——物体的质量，kg；

Δv ——在 t 时间内速度的变化值，m/s；

Δt ——加速或制动的时间，s。

在吊装工程中，起重机要完成拖运、竖立、旋转、落位的安装程序，重物要经过两次或更多次的运动变化。重物受外力之后由静止状态开始运动，或在运动中受到制动力后，又由运动状态改变为静止的过程，每次运动状态的改变均有惯性力存在，因此惯性力在起重运输作业中是必须考虑的问题。

但是，在实际的设备运输和吊装中，对惯性力不做单独计算，而是按不同的工作性质乘以一个动载系数 K 来补偿，进行设计或理论计算。动载系数 K 值见表 2-3。

表 2-3　动载系数 *K* 值

工作性质	轻级	中级	重级
动载系数	1.1	1.3	1.5

起重的工作性质按起吊速度的快慢划分为轻级、中级和重级。不同吨位的轻级、中级、重级的起吊速度列于表 2-4 中，供确定工作性质时参考。

表 2-4　不同吨位轻级、中级、重级工作性质的起吊速度

工作性质	10 t 以下	30 t 以下	50 t 以下	75 t 以下	100 t 以下	125 t 以下	200 t 以下	250 t 以下
	起吊速度/（m/s）							
轻级	8.4 以下	6.3 以下	5.5 以下	4.2 以下	3.5 以下	2.2 以下	1.5 以下	0.8 以下
中级	10～12	7～10	6.25～6.8	5.1～6.2	4.5～5	2.8～3.5	2.2	1.9
重级	15～19	13～15	7.5～9	5.2～7	5.5～6	4～4.3	3～3.3	2～2.3

第二节　物体的计算

在起重吊装作业中，我们经常根据物体的形状、质量选用不同的工具、设备，采用不同的吊装起重方法进行施工。因此起重作业人员应掌握一般面积、体积计算方法。

一、面积的计算

在施工中，为了合理地选择施工场地或确定板材的重量，需要进行物体的面积计算，经常遇到的有下列几种图形或它们的组合体，其计算公式见表 2-5。

表 2-5　面积（S）和重心（y_c）的计算公式

图形	公式
平行四边形 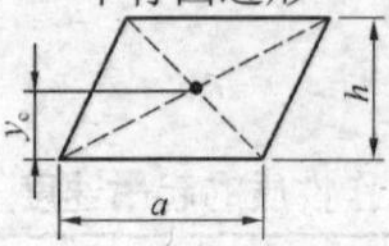	$S=ah$ $y_c=\frac{h}{2}$
圆形 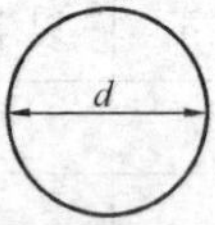	$S=\frac{\pi}{4}d^2$
三角形 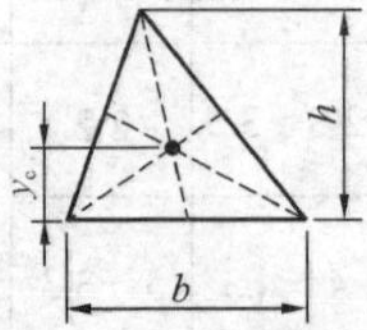	$S=\frac{1}{2}bh$ $y_c=\frac{h}{3}$

续表

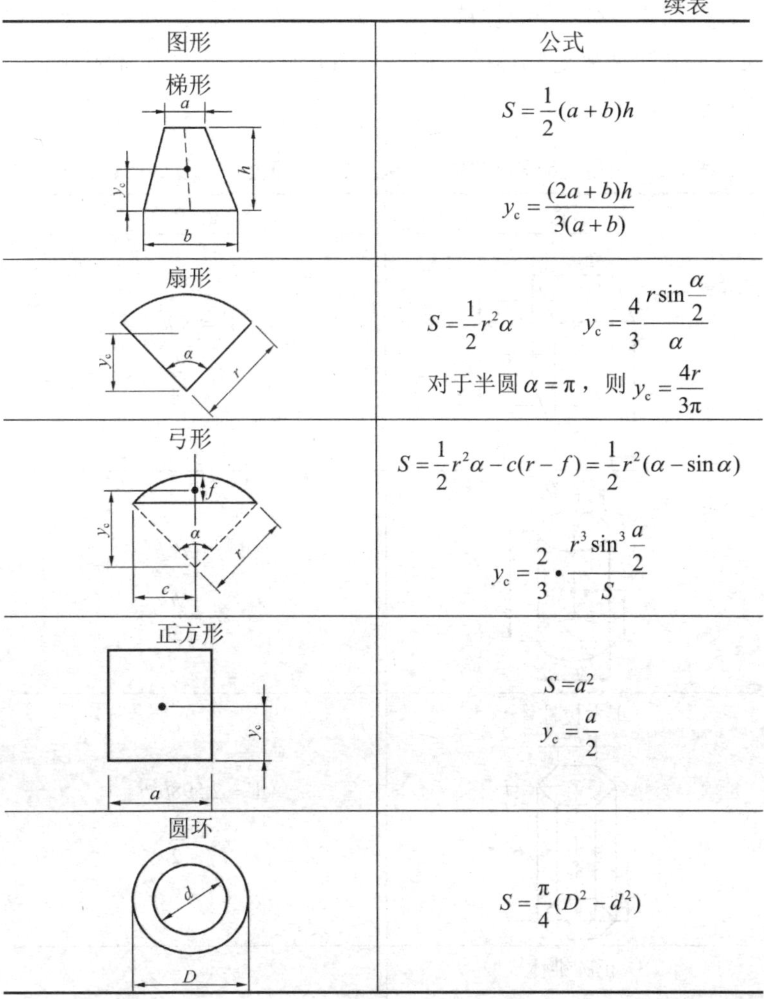

图形	公式
梯形	$S=\frac{1}{2}(a+b)h$ $y_c=\frac{(2a+b)h}{3(a+b)}$
扇形	$S=\frac{1}{2}r^2\alpha$　　$y_c=\frac{4}{3}\frac{r\sin\frac{\alpha}{2}}{\alpha}$ 对于半圆 $\alpha=\pi$，则 $y_c=\frac{4r}{3\pi}$
弓形	$S=\frac{1}{2}r^2\alpha-c(r-f)=\frac{1}{2}r^2(\alpha-\sin\alpha)$ $y_c=\frac{2}{3}\bullet\frac{r^3\sin^3\frac{a}{2}}{S}$
正方形	$S=a^2$ $y_c=\frac{a}{2}$
圆环	$S=\frac{\pi}{4}(D^2-d^2)$

注：α 单位为弧度。

二、体积的计算

在起重作业中，物体质量的计算是很重要的，只有准确地把握物体的质量，才能正确地选择施工方法和施工机具。而要确定物体的质量首先要确定物体的体积。常用几种形状物体的体积计算公式见表 2-6。

表 2-6　常用几种形状物体的体积（V）和重心（Z_c）的计算公式

形状	公式
立方体 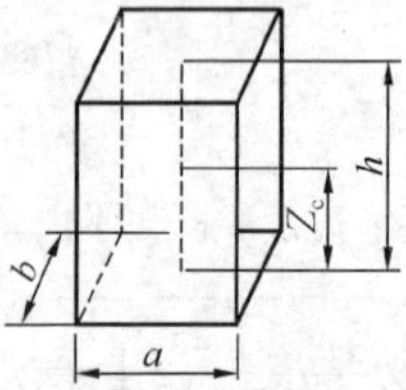	$V = abh$ $Z_c = \frac{h}{2}$
圆柱体 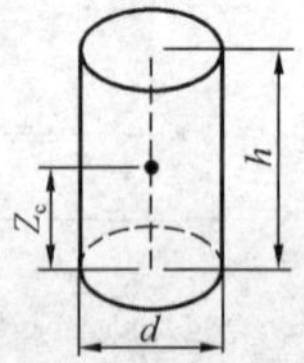	$V = \frac{\pi}{4}d^2h$ $Z_c = \frac{h}{2}$
正六棱柱体 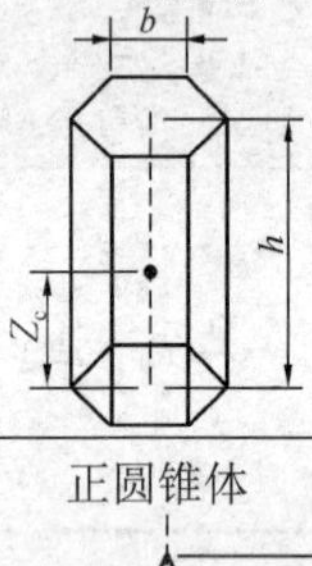	$V = 2.598b^2h$ $Z_c = \frac{h}{2}$
正圆锥体 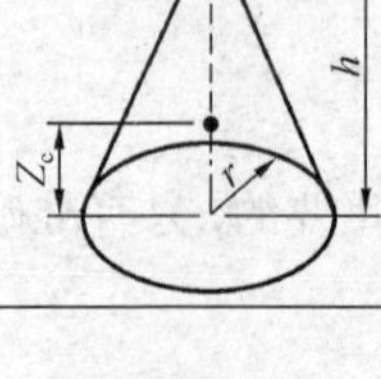	$V = \frac{\pi}{3}r^2h$ $Z_c = \frac{h}{4}$

续表

形状	公式
球体	$V=\frac{\pi}{6}d^3$
圆环体	$V=\frac{\pi^2}{4}Dd^2$

物体的质量=物体的体积×物体的密度

物体的密度概念：单位体积内所含的质量，称为密度。密度的单位是吨/米^3（t/m^3）或克/厘米^3（g/cm^3）。各种常用材料的密度见表2-7。

表2-7　常用材料的密度

材料名称	密度/（g/cm^3）	材料名称	密度/（g/cm^3）
碳钢	7.85	素混凝土	2.0
铸钢	7.8	钢筋混凝土	2.3～2.5
紫铜	8.9	花岗石	2.6～3.0
黄铜	8.8	红松	0.44
铝	2.77	落叶松	0.625
铝合金	2.67～2.8	石灰石	2.6～2.8
铸造铝合金	2.6～2.85	柴油	0.78～0.82
铅板	11.37	聚乙烯	0.91～0.95

三、重心的计算

重心就是物体各部分重量的中心。也可以认为物体的全部重量作用在重心上。

在起重作业中了解物体的重心很重要。当用绳索吊一物体时，系结点的位置必须根据重心的位置合理选定。一般选择吊点位置时，应按下列原则进行：

①如设备已设有吊点，则一般不可再另设吊点。如设有标记的捆绑部位，则应按设计部位进行捆绑。利用原有吊点时注意，要在确认设备上已有的吊耳、吊环等是为吊装设备整体而设，还是为吊装部分或某部件而设后，才可利用。

②选用吊点位置应能保证吊件的稳定与平衡。所选的吊点位置应确保不会因吊件的自重而引起塑性变形。

③方形物体，可在物体的两端或四角上捆绑起吊。

④吊运水平状态下的长形物体，如塔类、格构式构件、混凝土桩、各种口径管类等，吊点位置应在重心两端，吊钩通过重心。竖立物件时，吊点应在重心上端。

⑤拖拉重物时，长物体如顺长度方向拖拉时，捆绑点位置应在重心前端；横拉时，两个捆绑点位置应在距重心等距离的两端。

（1）简单形体的重心。

简单形体的重心，可以用数学方法求得，计算较容易。如长方体的重心在 1/2 长度的对角线交点上，圆柱体的重心在 1/2 长度的断面圆心上，三角形的重心在三角形中线的交点上。常用形体的重心计算见表 2-5、表 2-6。

（2）用组合法求重心。

在工程实际中，经常遇到物体是由一些简单几何形状的物体所构成的情况。对于这样的物体，可用分割法求得物体重心的坐标。

（3）用实验法测定重心的位置。

在工程实际中经常会遇到形状复杂的物体，应用上述方法计算重心位置很困难。要准确地确定物体重心的位置，也常用实验法进行测定。下面介绍两种方法。

①悬挂法。如果需要求一薄板的重心，可先将板悬挂于任一点 A，如图 2-16 所示，根据二力平衡条件，重心必在过悬挂点的直线上，于是可在板上画出此线；然后再将板悬挂于另一点 B，同样可画出另一直线，两直线相交点 C 就是重心。

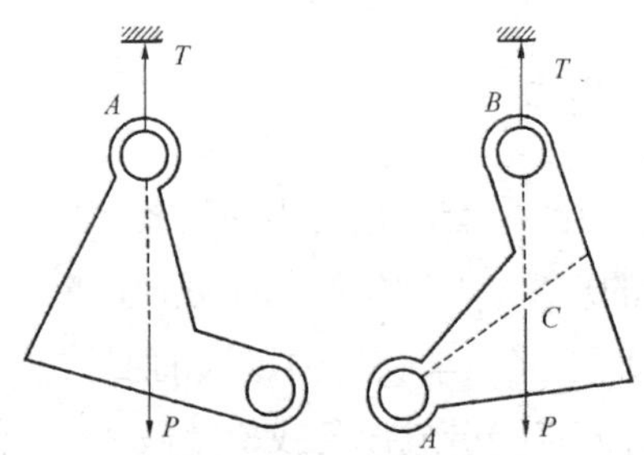

图 2-16　悬挂法测重心

②称重法。下面以汽车为例，简述用称重法测定重心 C 距后轮的距离 x_c。如图 2-17 所示，首先称量出汽车的重量 P，测量出前后轮距 l。

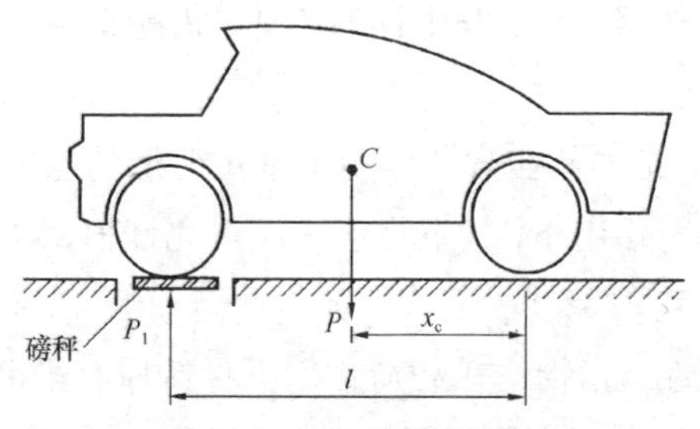

图 2-17　称量法测重心

为了测定 x_c，将汽车后轮放在地面上，前轮放在磅秤上，车身

保持水平，这时磅秤上的读数为 P_1。因车是平衡的，故

$$Px_c=P_1 l$$

于是得

$$x_c=\frac{P_1}{P}l \tag{2-13}$$

第三节 材料力学基本知识

一、应力的概念

在起重吊运作业中，有时也会出现设备、工具或构件受到破坏或产生塑性变形的现象。如钢丝绳因超载而破断、起重机主梁因超载产生塑性变形而下挠、承受压力过大的细长杆件突然失稳而弯曲。这些现象，有的直接造成设备或构件破坏，有的虽未立即造成破坏，但因产生了较大的变形而影响正常工作，埋下事故隐患。

为保证构件在载荷作用下能正常工作，必须要具有足够的承受载荷的能力，简称承载能力。它包括以下几个方面：

（1）强度：指物体在载荷作用下抵抗破坏的能力。如起升钢丝绳在规定载荷作用下，未发生任何破坏，仍能正常工作，即表明钢丝绳强度足够。

（2）刚度：指物体在载荷作用下抵抗变形的能力。如起升钢丝绳在规定的载荷作用下，其下挠值未超过允许值，即表明主梁刚度足够。

（3）稳定性：指物体在载荷作用下保持原有平衡形态的能力。如细长杆件在轴向压力作用下不致突然屈曲而失稳，即表明满足了稳定性的要求。

构件是由各种材料制成的，要使材料满足安全要求，符合强度、刚度和稳定性条件，这与材料所受的外力以及内力和应力有关。

一个物体受到其他物体对它作用的力，对于该物体来说，这个力就是外力。外力在力学中也称为载荷，载荷分为静载荷和动载荷两种。恒定作用在物体上，其大小、方向和位置都不变化的载荷叫作静载荷；反之，叫作动载荷。

物体受外力作用后，物体内部相应产生一种抵抗力，这种抵抗力称为内力。当外力存在时，内力与外力相平衡，并随外力的增大而增大。外力撤去时，内力同时消失。但当外力增加到一定限度，超过了物体内部的抵抗能力时，内力就不能与外力相平衡，于是物体遭到破坏。

物体单位面积上受到的内力叫应力。在一定的限度内，应力（σ）的大小与物体受拉（压）后内力（N）的大小成正比，与物体的承载面积（A）成反比，即

$$\sigma = \frac{N}{A}$$

应力的单位为 N/m^2，又称 Pa（帕）；或 MN/m^2，又称 MPa（兆帕），1 MPa=10^6 Pa。如图 2-18 所示，物体的重力，对绳索而言就是外力。绳索内部抵抗重物的拉力就是内力。绳索单位横截面面积上的拉力就是拉应力。

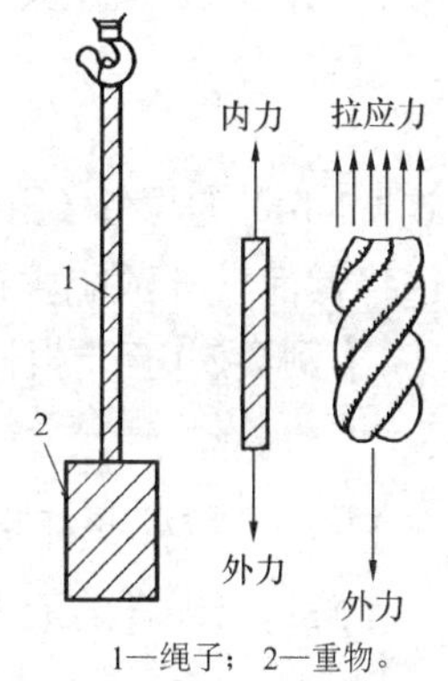

图 2-18　应力的示意

二、构件的基本变形形式

构件在外力的作用下，其尺寸和形状都会有所改变。作用在构件上的外力是各种各样的，因此，构件的变形也是各种各样的，但

归纳起来，构件的基本变形有以下几种：

1. 拉伸与压缩

（1）概念。构件在两端受到大小相等、方向相反的拉力作用，长度增大，横截面积缩小，这种变形称为拉伸变形，如图 2-19 所示。与拉伸情况相反，当构件在两端受到大小相等、方向相反的压力作用时，长度缩小、横截面积增大，这种变形称为压缩变形，如图 2-20 所示。

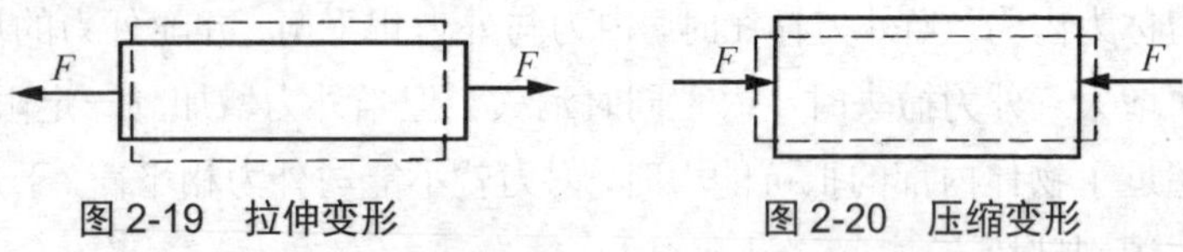

图 2-19　拉伸变形　　图 2-20　压缩变形

（2）拉伸和压缩的强度计算。拉伸（压缩）的构件，要保证能安全工作，必须使其正应力不超过材料的许用应力［σ］，即

$$\sigma=\frac{N}{A}\leqslant[\sigma] \tag{2-14}$$

式（2-14）为拉伸（压缩）时的强度条件，可利用它进行强度校核、选择截面尺寸或确定许可载荷。

【例 2-3】有一根低碳钢制圆柱形拉杆，其屈服点 $\sigma_s=240$ MPa，安全系数 $n=1.4$，杆的直径 d=14 mm。若杆受有轴向拉力 F=25 kN，试校核此杆是否满足强度要求。

解：已知杆的最大轴向拉力 $N=F=25$ kN，杆的横截面面积为

$$A=\frac{\pi d^2}{4}=\frac{3.14\times\left(14\times10^{-3}\right)^2}{4}=154\times10^{-6}\ \text{m}^2$$

杆的许用应力为

$$[\sigma]=\frac{\sigma_s}{n}=\frac{240}{1.4}=171.4\ \text{MPa}$$

杆所受正应力为

$$\sigma=\frac{N}{A}=\frac{25\times10^{3}}{154\times10^{-6}}=162\times10^{6}\ \text{N/m}^2=162\ \text{MPa}<[\sigma]=171.4\ \text{MPa}$$

答：经校核，满足强度条件。

2. 剪切

（1）概念。两个大小相等、方向相反、作用线相距很近的压力，称为剪（切）力。构件在剪力作用下，横截面沿外力方向发生错动，这种变形称为剪切变形。在图 2-21 中，铆钉或销轴受剪力作用产生的变形就是剪切变形。

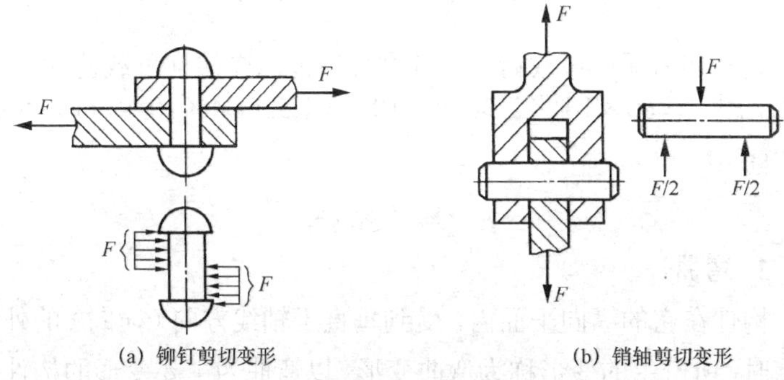

(a) 铆钉剪切变形　　(b) 销轴剪切变形

图 2-21　剪切变形受力情况

（2）剪切应力的计算。剪切面上的剪切应力分布是很复杂的，工程上为了方便计算，都是假定按均匀分布来计算的。若杆件所受的剪力为 Q，剪力作用面积为 A，则剪应力（剪切应力）为

$$\tau=Q/A \tag{2-15}$$

式中，τ ——剪应力，Pa；

Q ——剪切力，N；

A——剪切面的面积，m^2。

为了保证受剪构件在工作时安全可靠，应将构件的工作剪应力限制在材料的许用剪应力之内。由此得到抗剪强度条件：

$$\tau=Q/A\leqslant[\tau] \tag{2-16}$$

式中，［τ］——许用剪应力，MPa。

【例 2-4】如图 2-21 所示，两块钢板用螺栓连接，已知螺栓杆部直径 d=18 mm，许用剪应力［τ］=60 MPa。求螺栓所能承受的许可载荷 F。

解：根据抗剪强度条件公式，可得到

$$Q \leqslant [\tau] A$$

其中

$$A=\frac{\pi d^2}{4}=\frac{1}{4}\times 3.14\times\left(18\times 10^{-3}\right)^2=2.543\,4\times 10^{-4}\ \mathrm{m}^2$$

因剪切力即许可载荷值，故螺栓所能承受的许可载荷为

$$Q \leqslant [\tau] A=60\times 10^6\times 2.543\,4\times 10^{-4}=1.526\,04\times 10^4\mathrm{N}=15.26\ \mathrm{kN}$$

即

$$F=Q=15.26\ \mathrm{kN}$$

3. 弯曲

构件在它的纵向平面内，受到垂直于轴线方向（横向）的外力作用时，所产生的变形称为弯曲变形。以弯曲为主要变形的构件称为梁。弯曲变形的例子很多，例如，人站在跳板上，跳板要向下弯曲；桥式起重机载重时，主梁要产生下挠；将一根长的钢筋两端垫起，钢筋就会在自重作用下弯曲。

图 2-22 为一简支梁。梁在弯曲时，上层部分相互挤压产生压应力，下层部分相互拉伸产生拉应力。梁截面上，在压应力与拉应力之间的一层既无压应力，又无拉应力，这一层称为中性层。梁的上表层和下表层距中性层最远，因而应力也最大。

所以在工程计算中，应力值应按上、下层边缘处的最大应力计算，其弯曲时最大应力 $\sigma_{\max}$ 为

$$\sigma_{\max}=\frac{M}{W_Z} \tag{2-17}$$

式中，M——作用在截面上的弯矩，N·m；

σ_{max}——截面上的最大应力，Pa；

W_Z——抗弯截面模量，m^3。

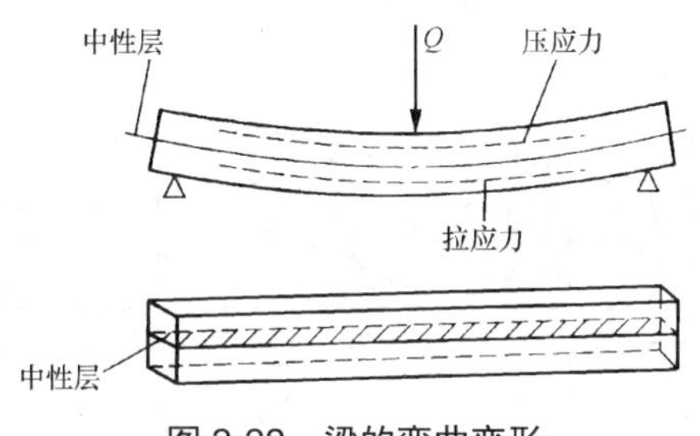

图 2-22　梁的弯曲变形

由式（2-17）可知，当弯矩 M 不变时，抗弯截面模量 W_Z 越大，则最大应力 σ_{max} 就越小，所以 W_Z 反映了横截面抵抗弯曲变形的能力。W_Z 的大小和截面的形状、尺寸有关，其值可按式（2-18）计算：

$$W_Z = \frac{I_Z}{Y_{max}} \tag{2-18}$$

式中，I_Z——横截面对中性轴 Z 的惯性矩，m^4；

Y_{max}——横截面上、下边缘到中性轴 Z 的距离，m。

工程中常用的 I_Z、W_Z 值计算公式见表 2-8。

根据抗弯强度条件，可解决梁的强度校核、选择截面和确定许可载荷这三类问题。

表 2-8　常用截面 I_Z、W_Z 值计算公式

截面形状	惯性矩 I_Z /m^4	抗弯截面模量 W_Z /m^3
Y, Z, h, b	$I_Z = \frac{bh^3}{12}$	$W_Z = \frac{bh^2}{6}$

续表

截面形状	惯性矩 I_Z /m^4	抗弯截面模量 W_Z /m^3
圆形截面（Y，Z，d）	$I_Z=\dfrac{\pi}{64}d^4\approx 0.05d^4$	$W_Z=\dfrac{\pi}{32}d^3\approx 0.1d^3$
圆环截面（Y，Z，D，d）	$I_Z=\dfrac{\pi}{64}(D^4-d^4)$	$W_Z=\dfrac{\pi}{32D}(D^4-d^4)$
工字形截面（Y，Z，H，h，δ，$b/2$，B）	$I_Z=\dfrac{BH^3-bh^3}{12}$	$W_Z=\dfrac{BH^3-bh^3}{6H}$

【例 2-5】如图 2-23 所示，利用一根 18#工字钢梁制作简易桥式吊车，吊装时作用在梁中点上的载荷 G=10 kN，支点间跨距为 4 m。若不考虑梁的自重，求平衡起吊时的梁内的最大应力；若弯曲许用应力［σ］=100 MPa，该梁是否安全？

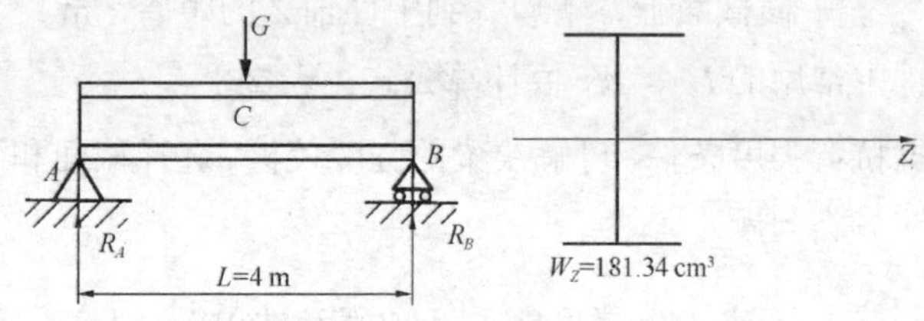

图 2-23　工字梁示意

解：作用在工字梁中点上的载荷 G=10 kN，可利用静力学知识求 A、B 两端支反力，即

$$R_A=R_B=\frac{G}{2}=\frac{10}{2}=5\text{ kN}$$

根据载荷作用在梁中部，中部弯矩最大，即危险截面在中部，

其中部的弯矩为

$$M_c = R_A \times \frac{L}{2} = 5 \times \frac{4}{2} = 10\,\text{kN}\cdot\text{m}$$

工字梁中部的最大应力为

$$\sigma = \frac{M_c}{W_Z} = \frac{10\times10^3}{181.34\times10^{-6}} = 5.514\times10^7\,\text{Pa} = 55.14\,\text{MPa}$$

确定工字梁的安全性，因为

$$\sigma = 55.14\,\text{MPa} < [\sigma] = 100\,\text{MPa}$$

故工字梁满足强度条件，工字梁起吊时安全。

4. 扭转

扭转也是构件变形的一种形式，如图 2-24 所示，在生产实际中，以扭转为主要变形的构件也很多，凡是有旋转的杆件都受到扭转变形。扭转的受力特点是作用在杆两端的一对力偶大小相等、方向相反，且力偶平面垂直于轴线。这对力偶在杆件横截面上产生的内力偶矩，称为扭矩。实验证明，杆件扭转时横截面上只有与半径垂直的剪应力，而没有正应力。截面上各点剪应力的大小与该点到圆心的距离成正比，在圆心处剪应力为 0。

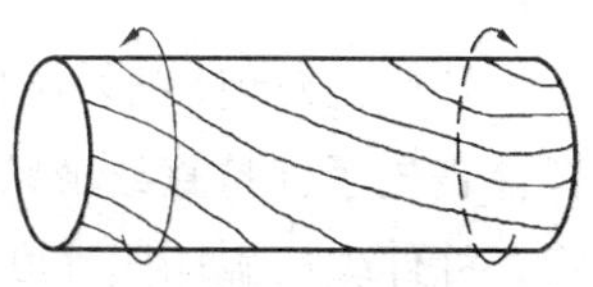

图 2-24　扭转变形

5. 压杆稳定

（1）概念。受轴向压力的直杆叫压杆。压杆在轴向压力的作用下保持其原有平衡状态，称为压杆的稳定性。如起重吊装桅杆就要考虑其受压情况下的稳定性。对于细而长的压杆，在压力比抗压强度低很多时，杆也可能突然被压弯而失去稳定性。因此要保证细长杆件正常工作，除了满足强度条件，还需要满足其稳定条件。

根据以上内容可知，轴向受力构件的承载能力是根据强度条件 $\lambda = N/A \leqslant [\sigma]$ 确定的。其中 N 是构件横截面上的内力，称为轴力，A 为横截面面积。但实际工程中，许多细长杆件受压破坏是在满足强度条件下发生的。

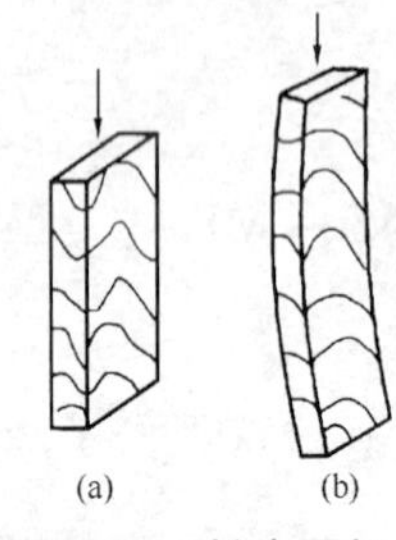

图 2-25　松木压杆

例如，图 2-25 所示的两根长度不同的矩形等截面松木条，若按强度条件考虑，经计算两杆的极限承载力相同，都为 6 kN。实际试验过程中，当长杆缓慢加力至 3 kN 时，杆发生弯曲，压力再增加，弯曲急剧增大，很快折断，而短杆受力可达 6 kN，且破坏前轴线保持直线。显然，长杆的破坏不是由于强度不足而引起的。

经研究发现，细长压杆在轴向压力的作用下突然破坏，是由于杆件丧失了保持直线形状的稳定性，这类破坏称为丧失稳定或失稳。杆件失稳破坏比强度不足时所能承受的压力要小得多。

（2）细长压杆临界压力。细长压杆受缓慢渐增的压力 P 的作用，开始阶段压杆保持杆轴为直线的平衡状态。随着压力的增加，当增大到某一特定值 P_{cr} 时，杆件出现微弯。压力继续增大，杆轴弯曲迅速增大并很快破坏。特定的压力值 P_{cr} 是杆件由稳定状态到达失稳状态的界限值，称为临界压力。临界压力由欧拉公式确定，即

$$P_{cr} = \pi^2 EI / (\mu L)^2 \tag{2-19}$$

式中，P_{cr}——临界压力，N；

π——圆周率；

E——材料的弹性模量，N / mm^2，不同材料的弹性模量不同；

I——杆件截面对形心轴的惯性矩，mm^4，矩形截面 $I = bh^3/12$（与中性轴位置有关），圆形截面 $I = \pi D^4 / 64$，钢管（圆环形截面）$I = \pi(D^4 - d^4) / 64$，其中 D 为外径，d 为内径；

L——杆件长度，mm；

μ——长度系数，与杆端支承情况有关，可由表 2-9 确定。

表 2-9　不同压杆支座的长度系数

杆端支座	两端固定	一端固定 一端铰支	两端铰支	一端固定 一端自由
长度系数 μ	0.5	0.7	1	2

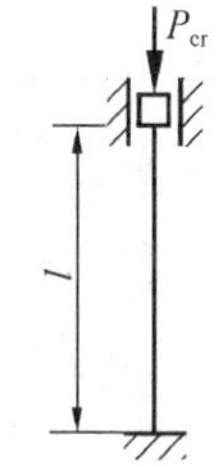

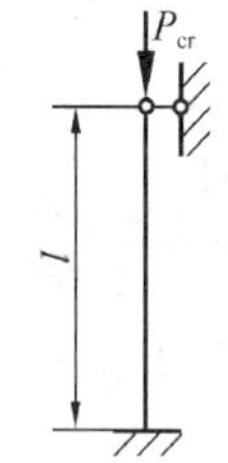

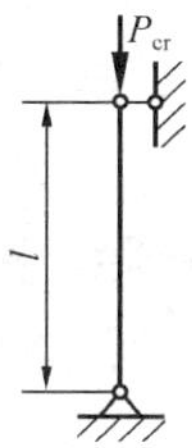

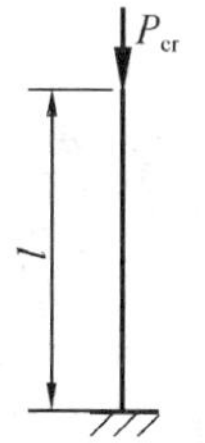

【例 2-6】一受压杆，两端支承情况、长度及截面情况如图 2-26 所示。已知，E＝200 GPa，求此杆的临界压力。

解：根据支承情况，查表 2-9 得 μ＝2。

截面惯性矩：

$I=bh^3/12=(20\times30^3)/12=4.5\times10^4\text{mm}^4$

临界压力：

$$P_{cr}=\pi^2 EI/(\mu L)^2$$
$$=3.14^2\times200\times10^3\times4.5\times10^4/(2\times1\,000)^2$$
$$=22\,180\text{ N}=22.18\text{ kN}$$

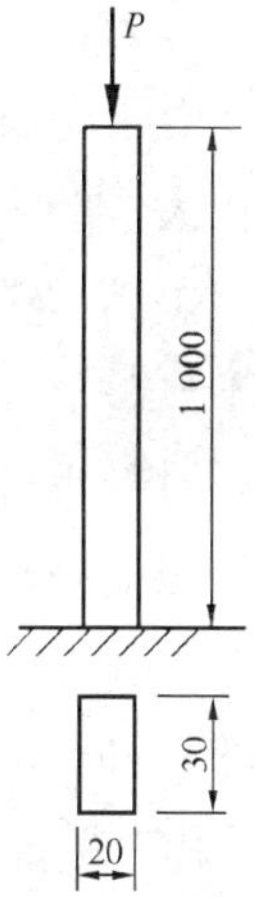

图 2-26　受压杆

（3）临界应力。在临界压力作用下，压杆横截面上的平均应力称为临界压力，用 σ_{cr} 表示。

$$\sigma_{cr}=P_{cr}/A=\pi^2 EI/[(\mu L)^2 A] \tag{2-20}$$

式中，A——横截面面积，mm^2。

令 $I/A=i^2$，i 称为惯性半径，则

$$\sigma_{cr}=\pi^2E/(\mu L/i)^2$$

令 $\lambda=\mu L/i$，则

$$\sigma_{cr}=(\pi^2E)/\lambda^2$$

λ 称为压杆柔度或长细比，它综合反映了压杆长度、支承情况、截面形状与尺寸等因素对临界应力的影响。

（4）提高压杆稳定性的措施。压杆临界力的大小，反映了压杆稳定性的高低，因此提高压杆的临界力是提高压杆稳定性的主要措施。具体有以下几种方法：

①选择适当的材料。对于长细比大的压杆（细长杆），选用普通材料即可，因为材料的弹性模量差别不是很大，如合金钢与普通碳素钢的弹性模量都在 200 GPa 左右，选用优质材料并不能提高临界应力。

对于中长杆，经验和公式计算都说明，临界应力与材料强度关系较大，此时，采用优质材料可提高一定的临界应力，但应注意，采用提高材料强度的方法（用优质材料）对于提高临界应力的效果并不显著。

对于小长细比的杆件，其破坏主要是由于强度问题，要提高强度，应采用高强度、高质量的材料。

②选择合理的截面形状。通过前面例题计算可以知道，临界应力随长细比的减小而增大，在不增加截面的情况下，要减小长细比，就应尽量增大截面的惯性矩。如用空心截面代替实心截面（截面积不变），将截面实心面积尽量布置在边缘（如工字形截面），组合柱的立杆尽量分布在四角而不集中在中心等。

当压杆在两个弯曲平面内的约束条件不同时，可采用两个弯曲平面的惯性矩不同的截面设计方案，如矩形、工字形截面加大 h

方向尺寸，减小宽度 b 方向尺寸，则 h 方向的惯性矩越大，b 方向的惯性矩就越小，以此适应两个方向的不同约束条件。如单层厂房排架柱，因纵向有吊车梁、连系梁及墙体的约束，而横向只有屋架约束，所以必须使柱子的横向刚度大（长细比小）、纵向刚度小（长细比大），为此柱子截面都设计为 $h>b$ 的矩形或工字形。

③加强杆端约束。对于一定材料的压杆，其临界应力与计算长度的平方成反比，而压杆两端的约束条件，直接影响到压杆的计算长度。如将两端铰支的压杆改为两端固定，则临界应力为两端铰支时的 4 倍。

三、材料的许用应力与安全系数

物体受外力作用时单位面积上的内力达到最大限度，当外力超过这个限度，物体开始被破坏。材料开始被破坏时的应力称为该材料的强度极限，即

强度极限=破坏载荷 / 截面积

要确保材料在使用过程中不会因强度不足而被破坏，或变形较大，即要保证安全使用，就必须使材料的最大工作应力值小于规定的应力值，这个规定的应力值，就是许用应力，可用式（2-21）表示：

$$[\sigma]=\frac{\sigma_{极限}}{K} \qquad (2\text{-}21)$$

式中，$[\sigma]$——材料的许用应力，MPa；

$\sigma_{极限}$——材料被破坏时的极限应力，MPa；

K——安全系数。

工程计算中，所用材料必须满足下列强度条件：

$$\sigma_{最大} \leqslant [\sigma]$$

式中，$\sigma_{最大}$——材料承受载荷时的最大应力，MPa。

确定许用拉应力和安全系数时，要考虑以下几个因素：材料性质的不均匀和内部缺陷、构件制造误差、载荷计算误差（包括计算假定误差）等。此外，安全系数的确定还要考虑适当的安全储备，以确保万无一失。值得指出的是，安全系数并不是保险倍数，只有安全储备的那部分，才具有保险倍数的意义。

安全系数的选取，关系到构件的安全性和经济性。安全要求多用材料，而经济要求少用材料。对于安全和经济，要统筹考虑，不能片面地强调其中一方面。从我国的实际出发，一般取钢材的安全系数 K=1.4～20。

安全系数和许用应力的数值都是经过反复试验和长期实践后分析研究确定的，并列入技术规范，作为日常工作中的计算依据，必须严格遵循。表 2-10 列出了几种常用材料的许用应力值。

表 2-10　几种常用材料的许用应力值

材料名称	许用拉应力/MPa	许用应力/MPa
Q215-A 钢	140	140
Q235-A 钢	160	160
16Mn 钢	230	230
灰口铸铁	35～55	160～200
强铝	80～150	80～150
黄铜	70～140	70～140
松木（顺纹）	7～10	8～12
混凝土	0.1～0.7	1～9
石砌体	0～0.3	0.4～4
砖砌体	0～0.2	0.4～2.6

第三章　机械基础知识

第一节　平面连杆机构

各种机械的形式、构造及用途虽然不尽相同，但它们的主要部分都是由一些机构组成的。由于组成机构的构件不同，机构的运动形式也不同，所以机构的类型较多。平面连杆机构是最常用的机构之一。

两构件直接接触形成的可动连接称为运动副。面接触的运动副称为低副；点、线接触的运动副称为高副。

平面连杆机构是用低副连接若干刚性构件（常称为杆）组成的机构。在平面连杆机构中，结构最简单、应用最广泛的是由 4 个构件组成的平面四杆机构。而所有运动副均为转动副的平面四杆机构称为铰链四杆机构，它是平面四杆机构最基本的形式。

一、铰链四杆机构

在图 3-1 所示的铰链四杆机构中，构件 4 为固定不动的，称为机架。不与机架直接连接的杆 2 称为连杆，杆 1 和杆 3 称为连架杆。

在铰链四杆机构中，能做整周连续转动的连架杆，称为曲柄。如果不能做整周的连续转动，只能来回摇摆一个角度的连架杆称为摇杆。

在铰链四杆机构中，根据两连架杆是否成为曲柄将机构分为3种基本形式，即曲柄摇杆机构、双曲柄机构和双摇杆机构。

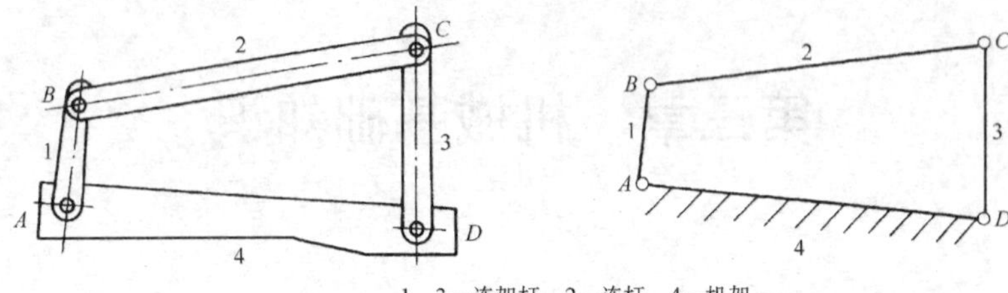

1、3—连架杆；2—连杆；4—机架。

图 3-1　铰链四杆机构

1. 曲柄摇杆机构

在铰链四杆机构中，若两连架杆一个为曲柄、另一个为摇杆，则此机构称为曲柄摇杆机构，如图 3-2 所示。它可将曲柄的转动变为摇杆的往复摆动。图 3-3 所示的搅拌机则是利用连杆曲线来完成工作要求的。

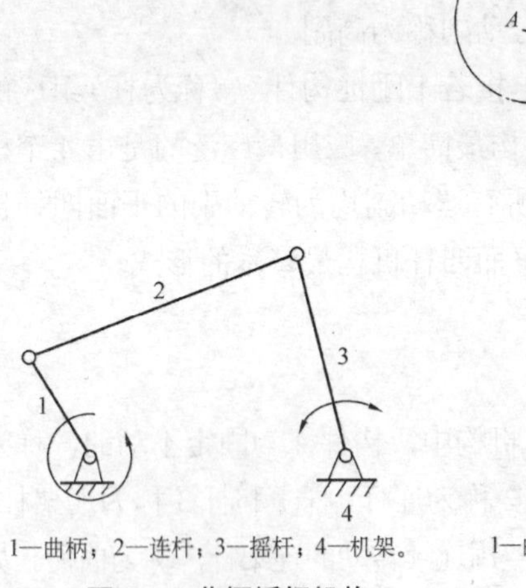

1—曲柄；2—连杆；3—摇杆；4—机架。

图 3-2　曲柄摇杆机构

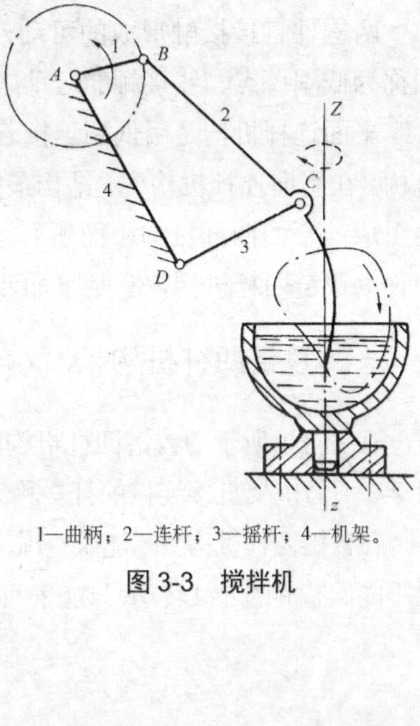

1—曲柄；2—连杆；3—摇杆；4—机架。

图 3-3　搅拌机

2. 双曲柄机构

在铰链四杆机构中，若两连架杆均为曲柄，则该机构称为双曲柄机构，如图 3-4 所示。图 3-5 所示的振动筛中的四杆机构便是双曲柄机构。当主动曲柄 1 等速转动一周时，从动曲柄 3 变速转动一周，通过杆 5 与四杆机构相连的筛子 6，则在往复移动中具有一定的加速度，使筛中的材料颗粒因惯性而达到筛分的目的。

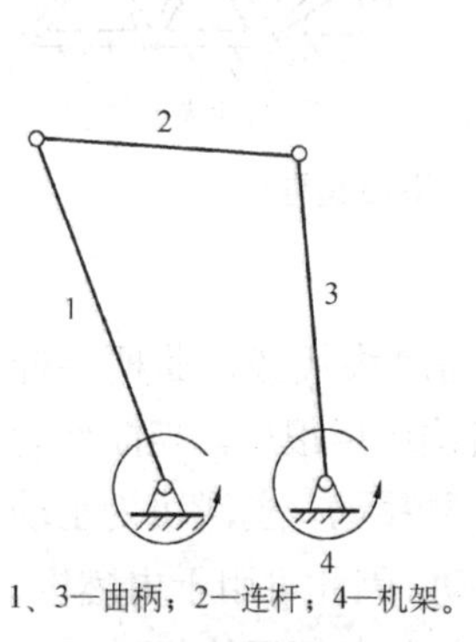

1、3—曲柄；2—连杆；4—机架。

图 3-4　双曲柄机构

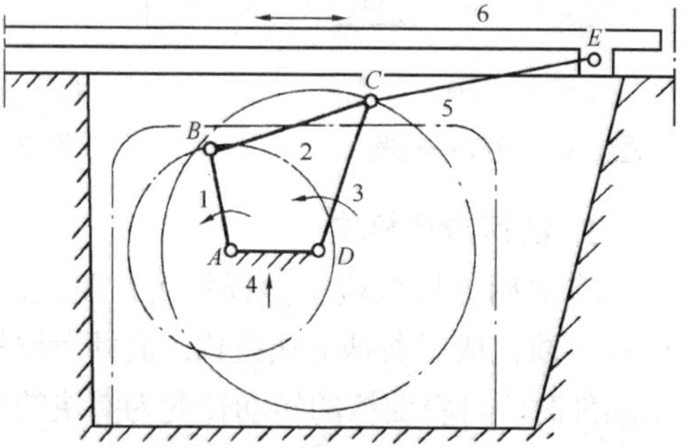

1、3—曲柄；2—连杆；4—机架；5—通过杆；6—筛子。

图 3-5　振动筛机构

3. 双摇杆机构

在铰链四连杆机构中，若两连架杆均为摇杆，则此机构称为双摇杆机构，如图 3-6 所示。双摇杆机构的应用也很广泛，图 3-7 所示的港口用起重机便是这种机构的应用。当摇杆摆动时，摇杆 3 随之摆动，连杆 2 上的 E 点（吊钩）的轨迹近似一条水平直线，这样在平移重物时可以节省动力消耗。

二、铰链四杆机构的演化形式

在生产实践中，除铰链四杆机构的 3 种基本形式之外，还广泛采用其他形式的四杆机构，一般是通过改变铰链四杆机构的某些构件的形状、相对长度或选择不同构件作为机架等方式演化而来。

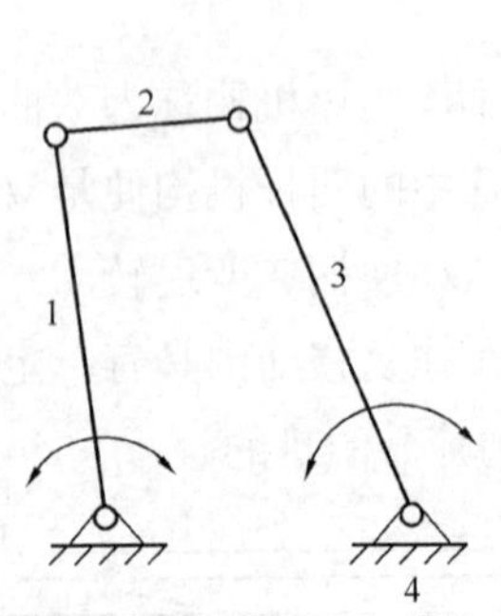

1、3—摇杆；2—连杆；4—机架。

图 3-6　双摇杆机构

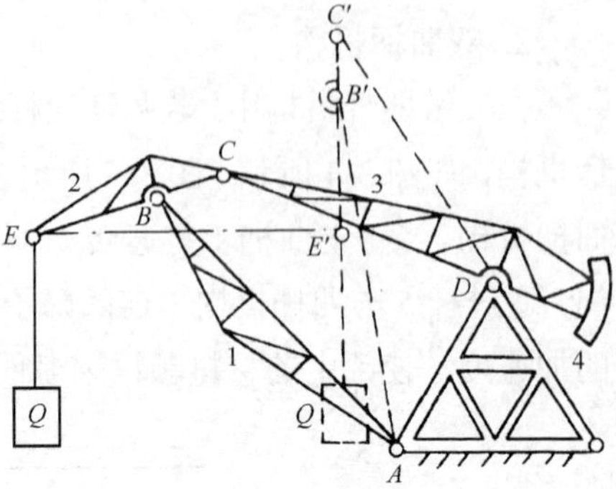

1、3—摇杆；2—连杆；4—机架。

图 3-7　港口起重机

1. 曲柄滑块机构

将曲柄摇杆机构中的摇杆用往复运动的滑块代替，曲柄摇杆机构就演化成了曲柄滑块机构。曲柄滑块机构应用很广。当曲柄为主动件时，可将曲柄的转动转变为滑块的往复移动。当滑块为主动件时，可将滑块的往复移动转变为曲柄的转动，因此可用于内燃机、蒸汽机等机器。图 3-8 所示柴油机主体机构就是曲柄滑块机构。

2. 导杆机构

曲柄滑块机构中取不同构件为机架，就演化成了导杆机构。图 3-9 所示的东风自卸车机构就是导杆机构，又称曲柄摇块机构。

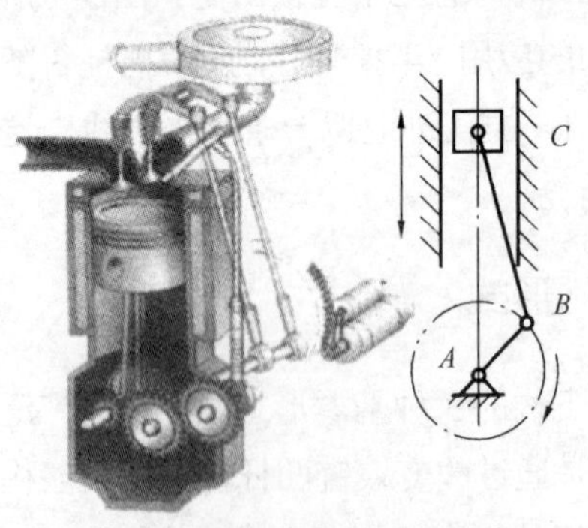

图 3-8　柴油机中的曲柄滑块机构

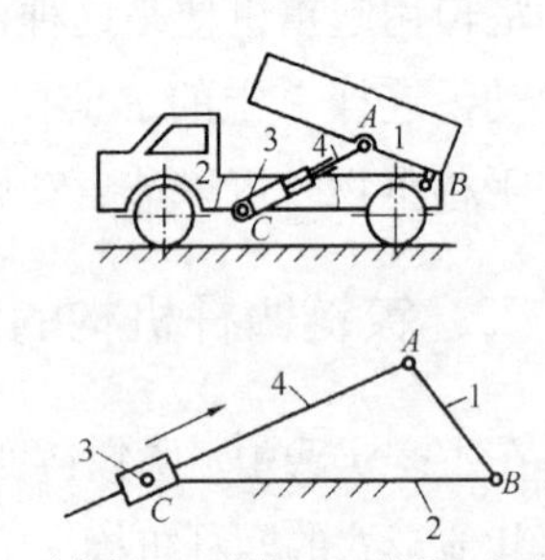

1—连架杆；2—机架；3—摇块；4—导杆。

图 3-9　东风自卸车中的导杆机构

第二节　常用机械传动

机械传动是一种最基本的传动方式。一台机器通常是由一些零件（如齿轮、蜗杆、带轮、链轮等）组成各种传动装置来传递运动和动力的。

机械是机器和机构的泛称，通常由原动机、传动机构与工作机构组成，如图 3-10 所示。

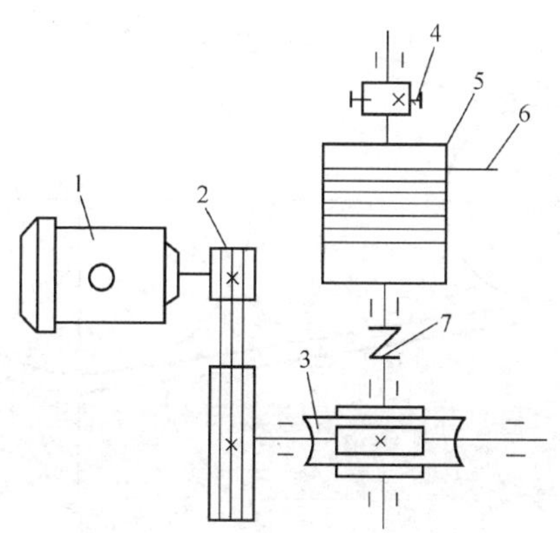

1—电动机；2—带轮传动；3—蜗杆蜗轮传动；
4—电磁抱闸；5—卷筒；6—钢丝绳；7—联轴器。

图 3-10　电动卷扬机

机械的原动机是机械工作的动力来源，工作机构是机械直接从事工作的部分，原动机和工作机构之间的传动装置是传动机构。

机械传动的作用是：

①能够传递运动和动力。原动机的运动和动力通过传动机构分别传至各工作机构。

②能改变运动方式。一般原动机的运动形式是旋转运动，通过

传动机构可将旋转运动改变为工作机构所需要的运动形式，例如往复直线运动。

③能调节运动的速度和方向。工作机构所需要的速度和方向往往与原动机的速度和方向不符，传动机构可将原动机的运动和速度方向调整到工作机构所需要的情况。

一、带传动

带传动通常由固联于主动轴上的主动带轮、固联于从动轴上的从动带轮和紧套在两种带轮上的传动带组成，如图 3-11 所示。

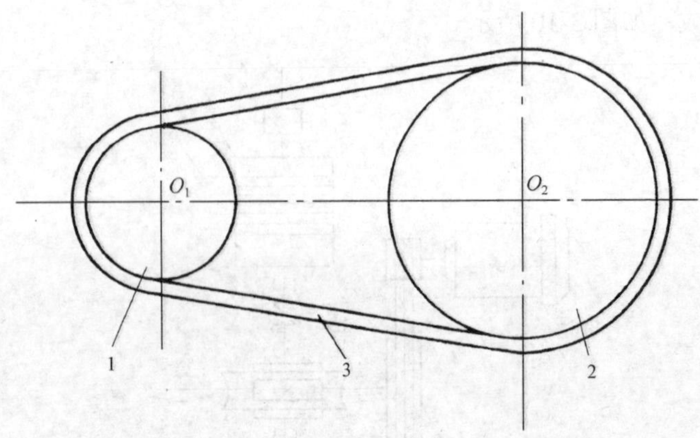

1—主动带轮；2—从动带轮；3—传动带。

图 3-11　带传动的组成

带传动的类型很多，有平带传动、V 带传动（又称三角带传动）、圆形带传动、多楔带传动、同步齿形带传动等。V 带传动的工作面是与带轮槽相接触的两侧面，传动中产生的摩擦力较大，因此传动能力强，建筑起重机械中大部分使用的是 V 带传动。

1. 带传动的特点

带传动的主要优点：

（1）适用于中心距较大的传动。

（2）因为传动带具有良好的弹性，所以能缓和冲击，吸收振动。

（3）过载时，带和带轮间会出现打滑，可防止机器中其他零件的损坏，起过载保护作用。

（4）结构简单，制造、安装精度要求低，成本低廉。

带传动的主要缺点：

（1）传动的外廓尺寸较大。

（2）带与带轮间需要较大的压力，因此对轴的压力较大，并且需要张紧装置。

（3）不能保证准确的传动比。

（4）带的寿命较短。

（5）传动效率较低。

2. 带传动的应用

通常，带传动用于传递中、小功率。在多级传动系统中，常用于高速级。由于传动带与带轮间可能产生摩擦放电现象，所以带传动不宜用于易燃、易爆等危险场合。

3. V 带结构和标记

V 带已经标准化，它的横剖面结构如图 3-12（a）所示是线绳结构，图 3-12（b）所示是帘布结构，均由包布、顶胶、抗拉体和底胶组成。包布是 V 带的保护层，由胶帆布制成。顶胶和底胶由橡胶制成，分别承受带弯曲时的拉伸和压缩。抗拉体是承受拉力的主体。绳芯 V 带结构柔软，抗弯强度较高，帘布芯 V 带抗拉强度较高。目前已采用尼龙、涤纶、玻璃纤维和化学纤维代替棉帘布和棉线绳作为抗拉体，以提高带的承载能力。

根据国家标准规定，我国生产的普通 V 带剖面尺寸由小到大有 Y、Z、A、B、C、D、E 7 种型号，窄 V 带有 SPZ、SPA、SPB、SPC 4 种尺寸。带的剖面尺寸越大，其传递功率的能力也就越大。

V 带是没有接头的环形带，位于 V 带轮基准直径上的 V 带的周线长度称为基准长度，用 L_d 表示。每种型号的胶带都有若干标准基准长度。

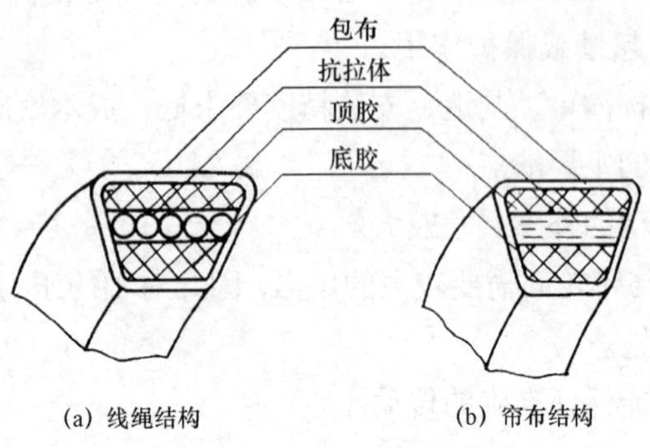

图 3-12 三角带的结构

4. 带与带轮的安装

在安装带轮时，要保证两轮的中心平行，主、从动轮的轮槽必须在同一平面，带轮安装在轴上不能晃动。胶带安装时，胶带应有合适的张紧力，在中等中心距的情况下，用大拇指按下 1.5 cm 即可，如图 3-13 所示。胶带的型号和基准长度不能搞错。若胶带型号大于轮槽型号，会使胶带高出轮槽，使接触面减少，降低传动能力；若小于轮槽型号，将使胶带底面与轮槽底面接触，从而失去 V 带传动能力大的优点。只有当胶带型号与轮槽型号相适应时，V 带的工作面与轮槽的工作面才能充分接触，如图 3-14（c）所示。

图 3-13 V 带的张紧程度

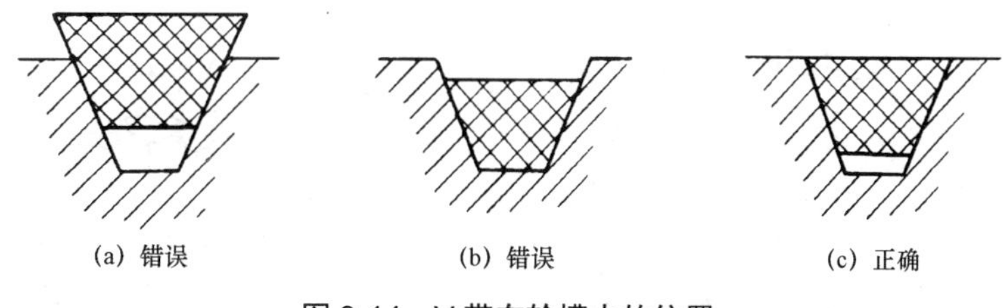

图 3-14　V 带在轮槽中的位置

5. 带传动的使用和维护

（1）带传动一般需要防护罩，以保安全。

（2）需要更换 V 带时，同一组的传动带应同时更换，不能新旧并用，以免长短不一造成受力不均。

（3）胶带不宜与酸、碱、油接触；工作温度不宜超过 60℃。

（4）V 带工作一段时间后，必须重新张紧，调整带的初拉力，如图 3-15 所示。

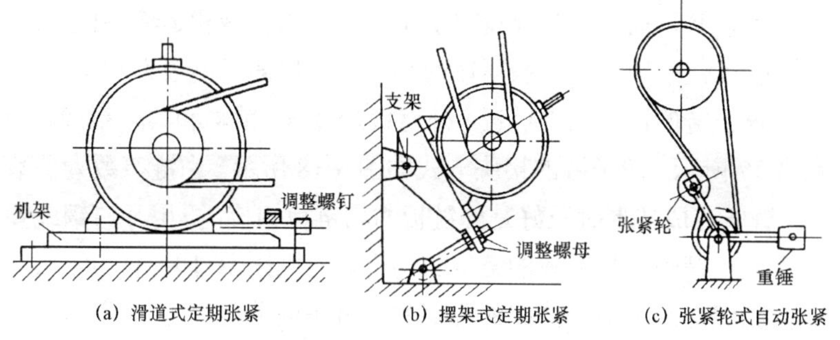

图 3-15　带传动的张紧装置

二、链传动

链传动由主动链轮、从动链轮和链条组成，如图 3-16 所示。链轮上具有轮齿，依靠链轮轮齿与链节的啮合来传递运动和动力。所以链传动是一种具有中间挠性件的啮合传动。

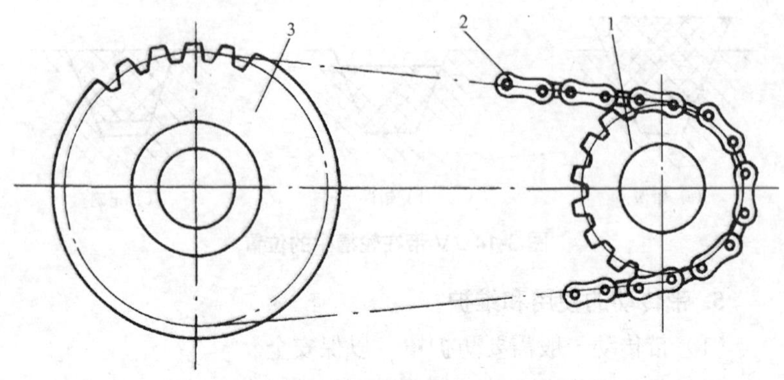

1—主动链轮；2—链条；3—从动链轮。

图 3-16 链传动

链传动主要用于要求工作可靠、两轴相距较远、工作条件恶劣的场合中。

按用途不同，链可分为传动链、起重链和曳引链。一般机械中常用传动链，而起重链和曳引链常用于起重机械和运输机械中。

传动链有滚子链和齿形链两种类型，以滚子链最为常用。

滚子链的链节由内链板、外链板、套筒、销轴和滚子组成，如图 3-17 所示。滚子链的接头方式如图 3-18 所示。当链节数为偶数时，链条连成环形时正好是外链板与内链板相接，再用开口销或弹簧卡锁住销轴。当链条的链节数为奇数时则采用过渡链节连接。

相邻两滚子中心之间的距离称为链条的节距，用 p 表示。它是链条的主要参数，节距越大，链条各零件的尺寸也越大，链条所能传递的功率就越大。

润滑对链传动影响很大，良好的润滑将减少磨损，缓和冲击，提高承载能力，延长链及链轮的使用寿命。

常用的润滑方式有

①使用油壶或油刷供油。

②滴油润滑。

③油浴或飞溅润滑。

④油泵强制润滑。

推荐采用的润滑油为N32号、N46号和N68号机械油，它们分别相当于HJ20号、HJ30号和HJ40号机械油。环境温度高或载荷大的条件下宜取用黏度高的润滑油，反之宜取用黏度低的。

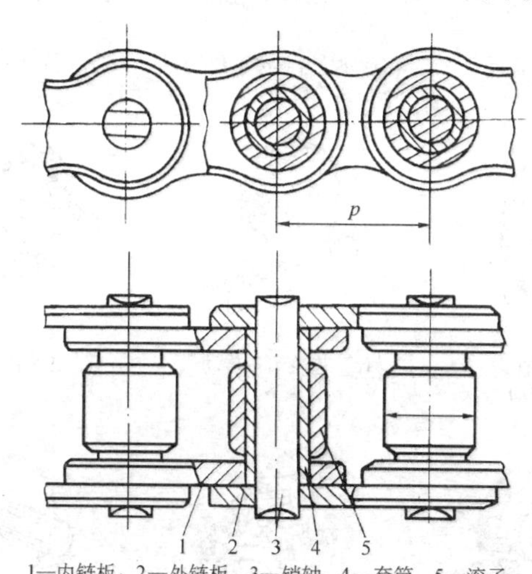

1—内链板；2—外链板；3—销轴；4—套筒；5—滚子。

图3-17　滚子链

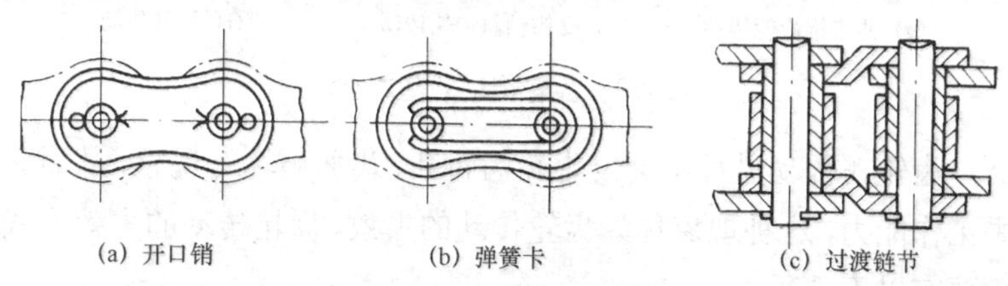

图3-18　滚子链的接头方式

三、齿轮传动

齿轮传动是指由齿轮副传递运动和动力的装置，它是现代各种设备中应用最广泛的一种机械传动方式。齿轮传动的类型很多，以满足实际生产的需要。齿轮传动的基本类型如图 3-19 所示。

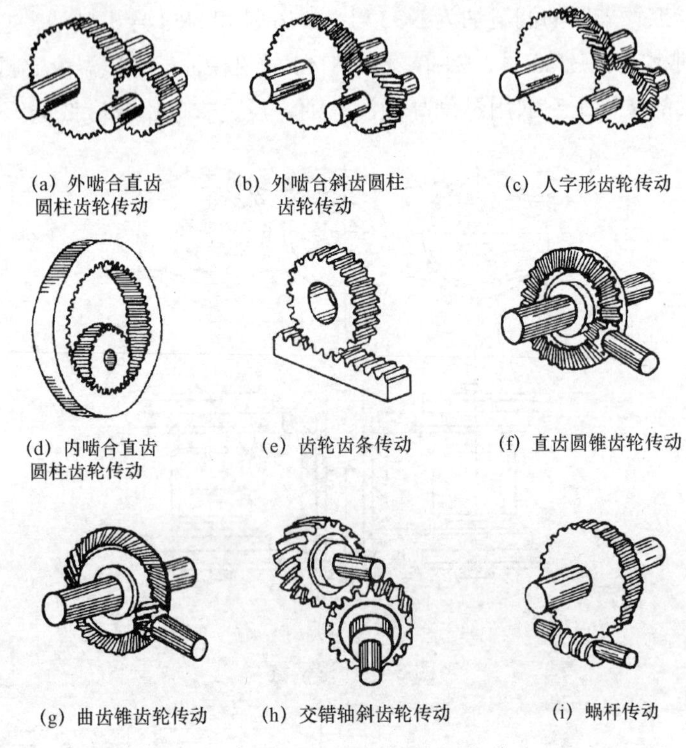

图 3-19　齿轮传动的基本类型

齿轮在传动过程中会发生轮齿折断、齿面破坏等现象，从而失去工作能力，这种现象称为齿轮传动的失效。齿轮传动的失效形式主要有以下几种：

（1）轮齿折断。

在载荷反复作用下，齿根弯曲应力超过允许限度时发生疲劳折断；用脆性材料制成的齿轮，因短时过载、冲击发生突然折断。开式齿轮传动和闭式齿轮传动都有可能发生这种失效形式。

轮[illegible]

破坏称为疲劳[illegible]细小的凹坑，这种在齿面表层产生的疲劳齿廓表面被破坏，引[illegible]面点蚀。点蚀轮齿有效承载面积减小，劳点蚀首先出现在靠近节线[illegible]，进而导致齿轮传动的失效。疲

齿面抗点蚀能力与齿面硬度[illegible]面[illegible]有关，齿面硬度越高，则抗点蚀能力越强。疲劳点蚀是润滑良[illegible]闭式软齿面齿轮传动的主要失效形式。

（3）齿面磨损。

齿面磨损通常是磨粒磨损。在齿轮传动中，由于灰尘、铁屑等磨料性物质落入轮齿工作面之间而引起的齿面磨损即磨粒磨损。齿面磨损是开式齿轮传动的主要失效形式。

（4）齿面胶合。

在高速重载或润滑不良的低速重载的齿轮传动中，由于相啮合的两齿面出现局部温度过高、润滑效果差导致齿面发生粘连而使传动失效的现象，称为齿面胶合。

（5）齿面塑性变形。

齿面较软的齿轮在频繁启动和严重过载时，在齿面很大压力和摩擦力的作用下，齿面金属产生局部塑性变形而使传动失效的现象称为齿面塑性变形。

四、蜗杆传动

蜗杆传动用于传递两交错轴之间的运动和动力，两轴交错角通常为 90°。蜗杆传动由蜗杆和与它啮合的蜗轮组成，如图 3-20 所示。

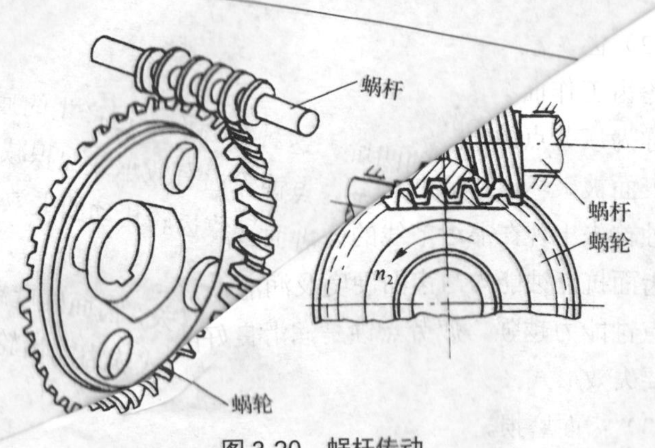

图 3-20　蜗杆传动

蜗杆传动的特点：

1）传动比大，结构紧凑。

2）传动平稳，振动小、噪声低。

3）可以设计成具有自锁性的传动。

4）效率低。一般效率只有 0.7～0.9，具有自锁性能的蜗杆传动效率仅为 0.5 以下。

5）成本高。为了减少啮合齿面内的摩擦和磨损，要求蜗轮副的配对材料应有较好的减磨性和耐磨性，为此，通常要选用较贵重的金属制造蜗轮，使成本提高。

五、轴系零部件

轴系零部件是机械的重要组成部分，它主要是由轴、键、轴承、联轴器、离合器及轴上的转动零件所构成。

1. 轴

轴是任何一部机器必不可少的零件。轴安装在轴承上，用以支承机器中的传动零件和回转零件。

轴主要由轴颈、轴头和轴身组成。安装轴承的部分称为轴颈；

安装转动零件的部分称为轴头；连接轴颈和轴头的部分称为轴身，如图 3-21 所示。

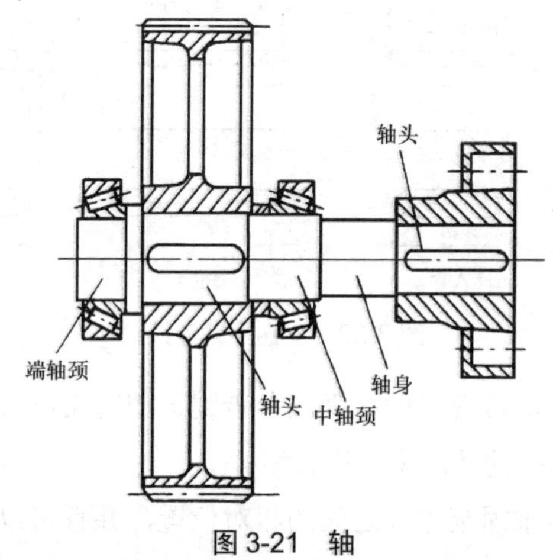

图 3-21　轴

零件在轴上的轴向固定是为了保证零件有确定的工作位置，防止零件沿轴向移动并承受轴向力。轴向固定的方式很多，各有特点。常见的轴向固定有轴肩、轴环、弹性挡圈、螺母、套筒等。

2. 键联接及销联接

零件在轴上的轴向固定是为了传递转矩，防止零件与轴产生相对转动。常用的轴向固定方法有键联接、花键联接、销联接和过盈配合等。

根据键的形状不同，键联接可分为平键联接、半圆键联接和楔键联接等，其中以平键联接最为常用。

平键联接按用途不同可分为普通平键联接、导向平键联接和滑键联接 3 种。图 3-22 为普通平键联接的结构类型，把键置于轴和轴上零件对应的键槽内，工作时靠键和键槽侧面的挤压来传递转矩，因此键的两个侧面为工作面。普通平键连接根据端部形状不同可分为圆头（A 型）、平头（B 型）、单圆头（C 型）

3 种。普通平键连接的主要尺寸是键宽 b、键高 h、键长 L。

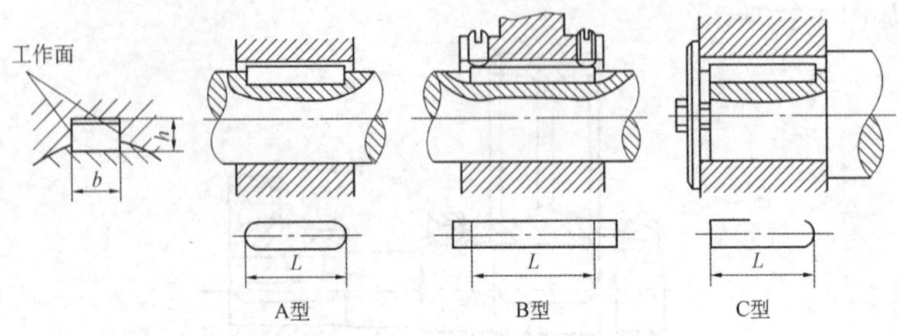

图 3-22　普通平键连接

花键联接由带键齿的花键轴和带键齿槽的轮毂组成。工作时靠键与键槽侧面的挤压来传递转矩。

销主要用来固定零件之间的相对位置，并且可以传递不大的载荷。根据构造的不同，可分为圆锥销、圆柱销、开口销等。开口销是一种防松零件，常与带槽螺母一起使用。

3. 轴承

轴承是机器中用来支承轴的一种重要部件，用以保证轴的回转精度，减少轴和支承间由于相对转动引起的摩擦和磨损。根据轴承工作的摩擦性质，可分为滑动轴承和滚动轴承两大类。

滑动轴承主要由轴承座和轴瓦所组成，如图 3-23 所示。

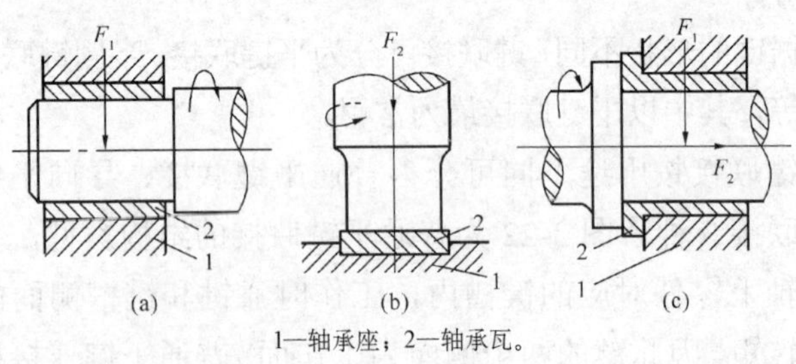

1—轴承座；2—轴承瓦。

图 3-23　滑动轴承的组成

滑动轴承包含的零件少，工作面间一般有润滑油膜并为面接触。所以，它具有承载能力大，抗冲击、低噪声、工作平稳、回转精度高、高速性能好等优点。

滚动轴承由外圈、内圈、滚动体和保持架等组成，如图3-24所示。

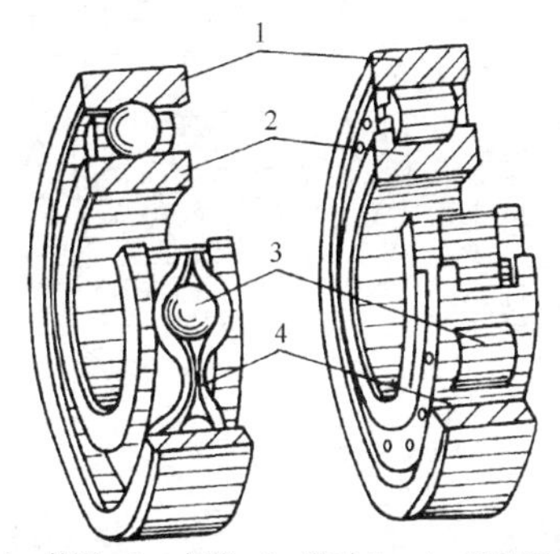

1—外圈；2—内圈；3—滚动体；4—保持架。

图3-24　滚动轴承的构造

滚动轴承的种类很多，按照滚动体的种类不同分为球轴承和滚子轴承。按照所能承受的载荷不同分为：主要承受径向载荷的称为向心轴承；主要承受轴向载荷的称为推力轴承；同时承受径向和轴向载荷的称为角接触轴承。

4. 联轴器

联轴器是用于把两轴牢固地连接在一起，以传递扭矩和运动的部件。根据工作性能，联轴器分为刚性联轴器和弹性联轴器两大类。刚性联轴器又有固定式和可移式之分。固定式刚性联轴器构造简单，但要求被连接的两轴严格对中，而且在运转时不得有任何相对移动。

固定式刚性联轴器中应用最广的是凸缘联轴器，如图3-25所示，它是利用螺栓连接两半联轴器来连接两轴。

刚性可移式联轴器的种类很多，应用很广，常用的有以下几种：

（1）齿轮联轴器。图 3-26（a）为齿轮联轴器。它由两个带有内齿的外壳 3、外壳 4 和带动外齿的轴套 1、轴套 2 组成。

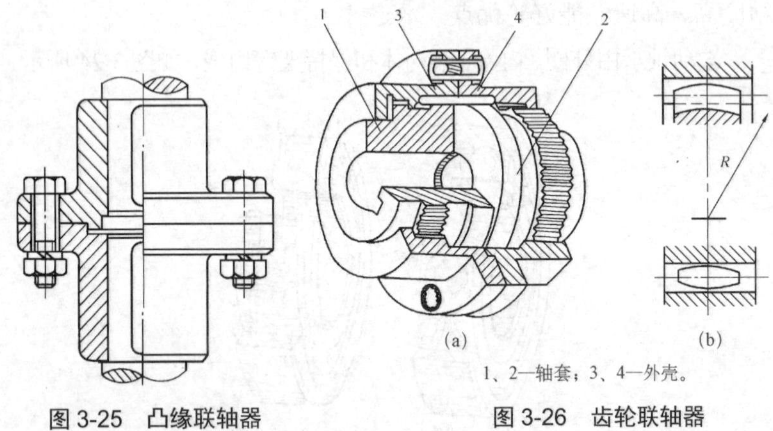

1、2—轴套；3、4—外壳。

图 3-25　凸缘联轴器

图 3-26　齿轮联轴器

（2）十字滑块联轴器。如图 3-27 所示，它由两个端面开有凹槽的套筒和一个两端有凸榫的中间圆盘组成。两凸榫中线互相垂直并通过圆盘中心。

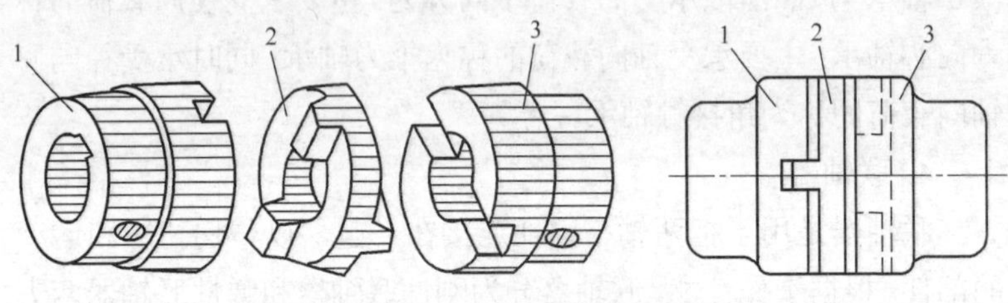

1、3—套筒；2—中间圆盘。

图 3-27　十字滑块联轴器

弹性联轴器包含各种弹性零件的组成部分，因而在工作中具有较好的缓冲和吸振能力。

弹性套柱销联轴器是机器中常用的一种弹性联轴器，如图 3-28 所示。它的主要零件是弹性橡胶套、柱销和两个法兰盘。弹性套柱销联轴器适用于正反转变化多、启动频繁的高速轴连接，如电动机轴的连接，可获得较好的缓冲和吸振效果。

尼龙柱销联轴器和上述弹性套柱销联轴器相似，如图 3-29 所示。由于它结构简单，制作容易，维护方便，所以常用来代替弹性套柱销联轴器。

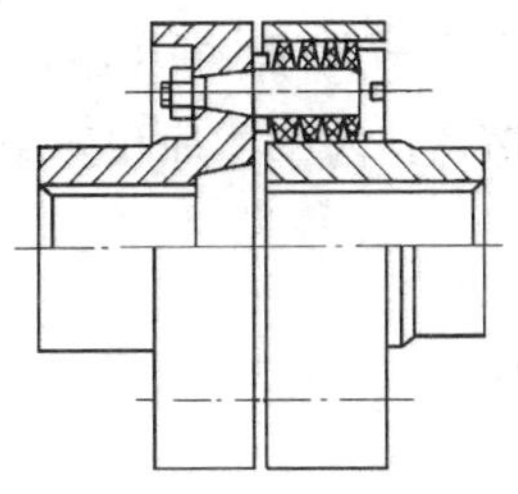
图 3-28　弹性套柱销联轴器

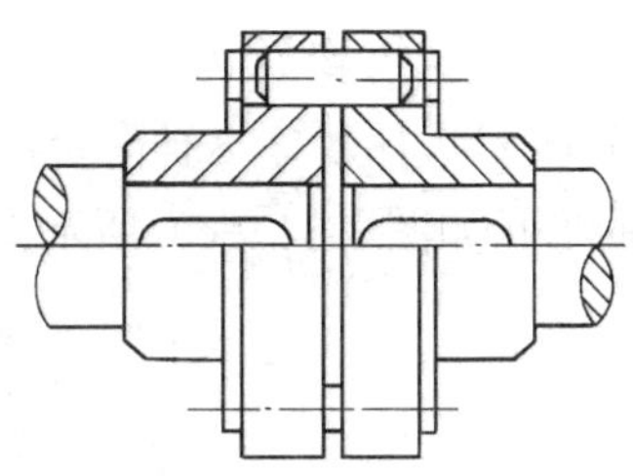
图 3-29　尼龙柱销联轴器

5. 离合器

离合器类似开关，既能方便地连接两轴以传递运动和动力，又能根据工作需要随时使主动轴和从动轴接合或分离，操纵机械传动系统的启动、停止、换向及变速。离合器在工作时需要随时分离或接合，不可避免地受到摩擦、发热、冲击、磨损等，因而要求其接合平稳、分离迅速、操纵方便，并且还要结构简单、散热好、耐磨损、寿命长。

离合器的类型很多，通常按结构可分为牙嵌式和摩擦式两大类。另外，还有电磁离合器和自动离合器。

牙嵌式离合器的结构如图 3-30 所示，它由两个端面带牙的半离合器组成，主动半离合器用平键和主动轴连接，从动半离合器用导向平键（或花键）与从动轴连接。

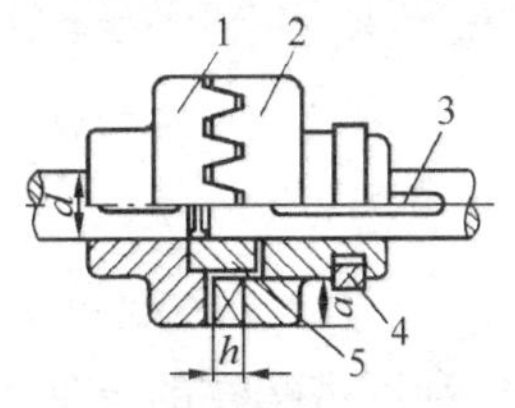

1—固定套筒；2—活动套筒；
3—导向平键；4—滑环；5—对中环。
图 3-30　牙嵌式离合器

摩擦式离合器靠工作面上所产生的摩擦力矩来传递转矩。按其结构形式，可以分为圆盘式、圆锥式等，其中以圆盘式的应用最广。

圆盘式摩擦离合器又可分为单盘式和多盘式两种。

单盘式摩擦离合器的结构如图 3-31（a）所示，通过其半离合器和摩擦盘接触面间的摩擦力来传递转矩。这种离合器结构简单、散热性好，但传递的转矩较小。

当必须传递较大转矩时，可采用多盘式摩擦离合器，如图 3-31（b）所示。这种离合器有两组摩擦片，内摩擦片和外摩擦片的形状如图 3-31（c）所示。

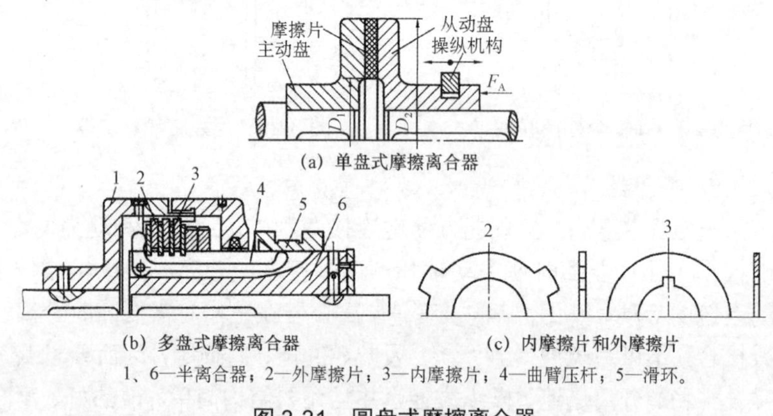

(a) 单盘式摩擦离合器

(b) 多盘式摩擦离合器　　(c) 内摩擦片和外摩擦片

1、6—半离合器；2—外摩擦片；3—内摩擦片；4—曲臂压杆；5—滑环。

图 3-31　圆盘式摩擦离合器

第三节　螺纹连接

利用带螺纹的零件，把需要相对固定在一起的零件连接起来，称为螺纹连接。螺纹连接是一种可拆连接，其结构简单、形式多样、连接可靠、装拆方便。

根据牙形，螺纹可分为三角形螺纹、矩形螺纹、梯形螺纹和锯齿形螺纹等。三角形螺纹之间的摩擦力大，自锁性好，连接牢固可靠，主要用于连接；其余三种螺纹主要用于传动。

一、螺纹连接的类型

螺纹连接的基本类型有螺栓连接、双头螺柱连接、螺钉连接和紧定螺钉连接等。图 3-32 中（a）是普通螺栓连接，（b）是配合螺栓连接。

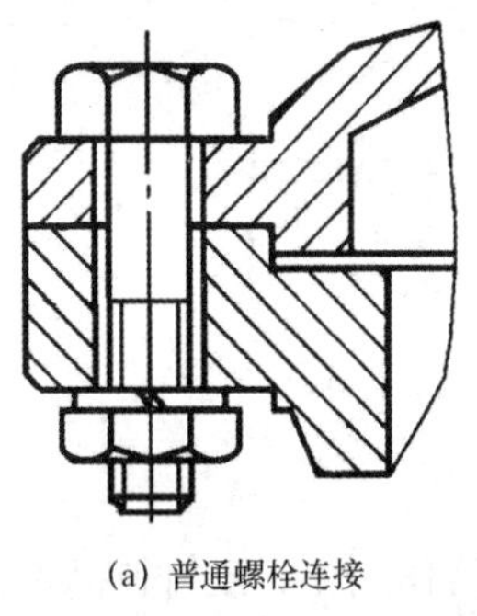
(a) 普通螺栓连接

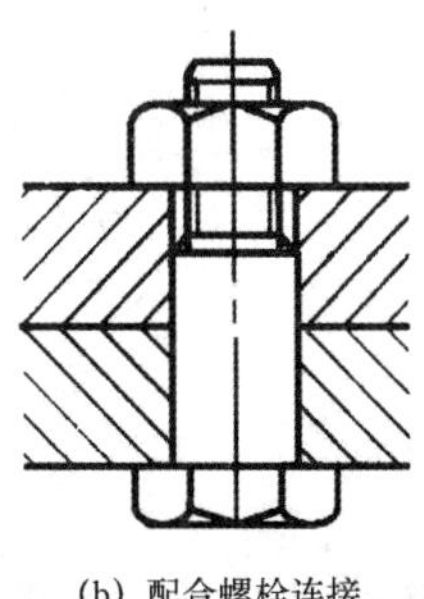
(b) 配合螺栓连接

图 3-32　螺栓连接

普通螺栓连接是指用螺栓穿过被连接件上的通孔，套上垫圈，再拧上螺母的连接。连接的特点是孔壁与螺栓杆之间留有间隙，结构简单，装拆方便。配合螺栓连接的孔壁与螺栓杆之间没有间隙，采用过渡配合，可以承受较大的横向载荷。

二、螺纹连接的预紧和防松

一般螺纹连接在装配时都必须拧紧，以增强连接的可靠性、紧密性和防松能力。连接件在承受工作载荷之前，就预先受到力的作用，这个预加作用力称为预紧力。如果预紧过紧，拧紧力过大，螺杆静载荷增大，就会降低本身强度。预紧过松，拧紧力过小，工作不可靠。

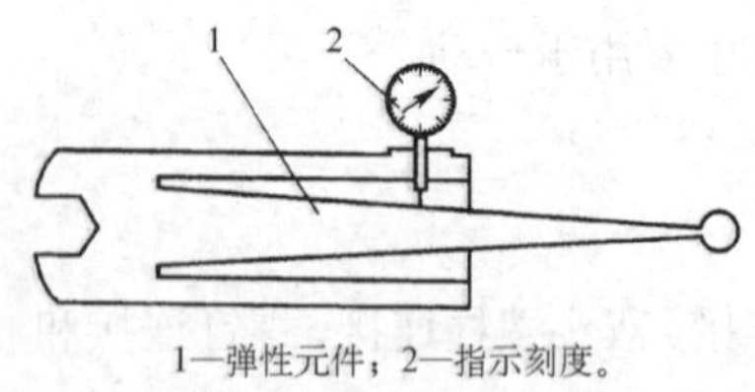

1—弹性元件；2—指示刻度。

图 3-33　测力矩扳手

对于一般连接，可凭经验来控制预紧力 F_0 的大小，但对于重要的连接就要严格控制其预紧力。

控制预紧力通常采用测力矩扳手，如图 3-33 所示，或定力矩扳手，如图 3-34 所示，利用控制拧紧力矩的方法来控制预紧力的大小。

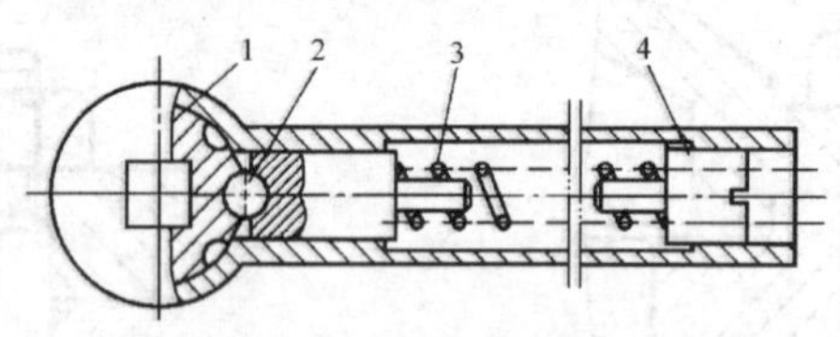

1—扳手卡环；2—圆柱销；3—弹簧；4—螺钉。

图 3-34　定力矩扳手

实际工作中，在冲击、振动的外载荷作用下，在材料高温或温度变化大的情况下都会造成摩擦力减少，从而使螺纹连接松动，如经反复作用，螺纹连接就会松弛而失效，因此，必须进行防松。

防松工作原理即消除（或限制）螺纹副之间的相对运动，或增大相对运动的难度。防松的方法很多，按防松原理可分为摩擦防松、机械防松和永久防松。

常用防松装置的防松方法见表 3-1。

表 3-1　常用防松装置的防松方法

防松方法		结构形式	特点及应用
摩擦防松	对顶螺母	上螺母 螺栓 下螺母	利用两螺母的对顶作用，使旋合螺纹间始终受到附加压力和附加摩擦力的作用。结构简单，适用于平稳、低速和重载的固定装置上的连接

续表

防松方法		结构形式	特点及应用
摩擦防松	弹簧垫圈	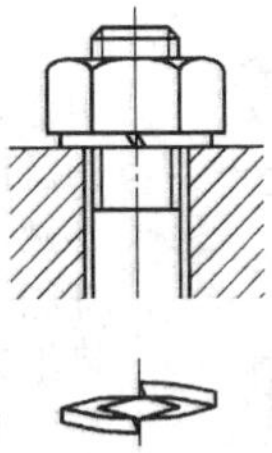	弹簧垫圈材料为弹簧钢，装配后垫圈被压平，其反弹力使螺纹间保持压紧力和摩擦力。由于垫圈的弹力不均匀，在冲击、振动的工作条件下，其防松效果较差，一般用于不太重要的连接
	自锁螺母	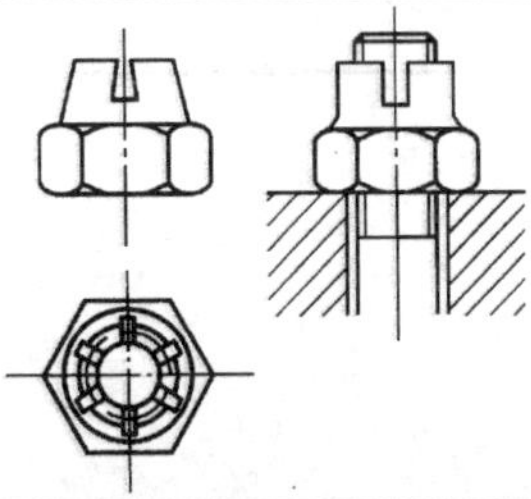	螺母一端做成非圆形收口或开缝后径向收口，螺母拧紧后，收口张开，利用收口的弹力使旋合螺纹间压紧。结构简单，防松可靠，可多次装拆而不降低防松性能
机械防松	开槽螺母和开口销	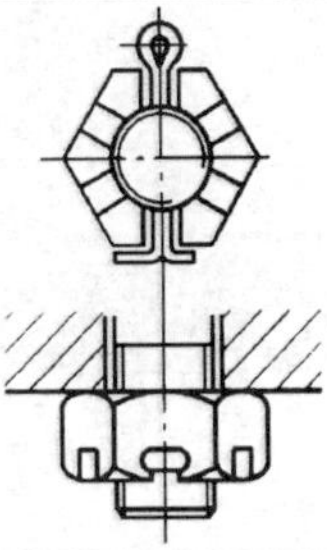	开槽螺母拧紧后，用开口销穿过螺栓尾部小孔和螺母的槽，也可用普通螺母拧紧后再配钻开口销孔。适用于较大冲击、振动的高速机械中运动部件的连接
	圆螺母和止动垫圈	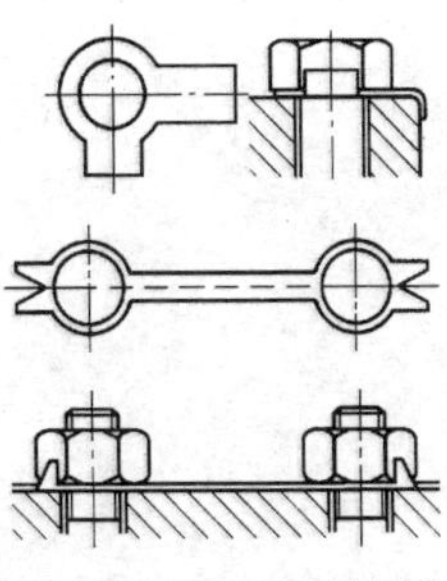	圆螺母拧紧后，将单耳或双耳止动垫圈分别向螺母和被连接件的侧面折弯贴紧，即可将螺母锁住。若两个螺栓需要双联锁紧时，可采用双联止动垫圈，使两个螺母相互制动。结构简单，使用方便，防松可靠

续表

防松方法		结构形式	特点及应用
机械防松	单连钢丝	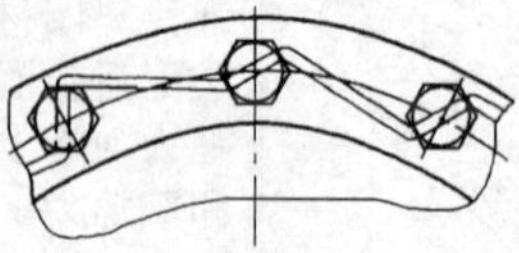 (a) 正确 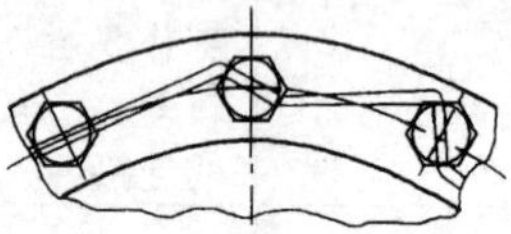 (b) 不正确	用低碳钢丝穿入各螺栓（螺钉）头部的孔内，将各螺钉串联起来，使其相互制动。用于螺栓组（螺钉组）的连接，防松可靠，但装拆不便

第四章　电学基础知识

第一节　电学相关知识

（1）导体。电阻率很小且易于传导电流的物质称为导体，如钢、铁等金属材料。

（2）绝缘体。不容易导电的物体称为绝缘体，电阻率＞$10^9\ \Omega \cdot mm$的物体，如塑料、木材、橡胶等。

（3）半导体。在常温下导电性能介于导体和绝缘体之间的材料称为半导体。

第二节　直流电基础知识

一、电流

导体中的自由电荷在电场力的作用下做有规则的定向运动就形成了电流。电流不但有方向，而且有大小。

二、稳恒电流

电流的大小和方向都不随时间而改变的电流称为稳恒电流。

三、直流电

电流流动的方向不随时间而改变的电流称为直流电流，简称直流电。用字母“DC”表示。

四、电流强度

通过导线横截面的电量与通过这些电量所耗用时间之比，称为电流强度。其表示符号用 I，单位为安培（A）。电流常用的单位还有 kA、mA、μA。

测量电流强度的仪表叫电流表，又称安培表，分直流电流表和交流电流表两类。测量时必须将电流表串联在被测的电路中。每一个安培表都有一定的测量范围，所以在使用安培表时，应该先估算一下电流的大小，选择量程合适的电流表。

五、电阻

导体对电流的阻碍作用称为电阻，用 R 符号表示。电阻的单位为欧姆（Ω）。导体电阻是导体中客观存在的。在温度不变时，导体的电阻与它的长度成正比，与它的横截面积成反比。电阻的常用单位有欧姆（Ω）、千欧（kΩ）、兆欧（MΩ）。

电阻的大小与导体的材料和几何形状有关。

电阻率是用来表示各种物质电阻特性的物理量。把 1 m 长，横截面积为 1 m^2 的导体所具有的电阻值称为该导体的电阻率，电阻率用 ρ 表示，其单位为欧姆·米（Ω·m）。

六、电压

在电场中两点之间的电势差（又称电位差）叫作电压。它表示电场力把单位正电荷从电场中的一点移到另一点所做的功，电压的方向规定为从高电位指向低电位的方向。电压的单位为伏特（V）。常用的单位还有千伏（kV）、毫伏（mV）等。

测量电压大小的仪表叫电压表，又称伏特表，分直流电压表和交流电压表两类。测量时，必须将电压表并联在被测量电路中，每个伏特表都有一定的测量范围（量程）。使用时，必须注意所测的电压不得超过伏特表的量程。

七、电动势

把单位正电荷从电源负极经电源内部移到正极时所做的功称为电源的电动势。电动势的方向是由负极经电源内部指向正极。电动势是描述电源性质的物理量，用来表示这个电源将其他形式能量转换为电能本领的大小。

在电路中，电动势常用 E 表示，单位是伏（V）。

八、电源

凡能把其他形式的能转化为电能的装置均称为电源，常见的电源是干电池（直电流）与家用的 110～220 V 交流电源。

九、电功

电流通过导体时所做的功称为电功，用 W 表示。电功的大小表示电能转换为其他形式能量的多少。在数值上等于加在导体两端的电压 U、流经导体的电流 I 和通电时间 t 三者的乘积。

十、直流电的计算

1. 电流计算

电流的计算公式

$$I = \frac{U}{R} \tag{4-1}$$

式中，I——电流强度，A；

U——电压，V；

R——电阻，Ω。

2. 电功计算

电功的计算公式

$$W=UI\,t \tag{4-2}$$

式中，W——电功，J；

I——电流强度，A；

U——端电压，V；

t——通电时间，s。

电流将电能转换成其他形式能量的过程所做的功即为电功。电功常用千瓦·时为单位，千瓦时与焦耳的关系为

1 度电=1 kW·h=1 000 W×3 600 s=3.6×10^6 J

测量电功的仪表是电能表，又称电度表，它可以计量用电设备或电器在某一段时间内所消耗的电能。

3. 电功率计算

$$P = \frac{W}{t} = IU \tag{4-3}$$

式中，P——电功率，W。

十一、电路

1. 电路的组成

电路就是电流流通的路径，如日常生活中的照明电路、电动机电路等。电路一般由电源、负载、导线和控制器件 4 个基本部分组成，如图 4-1 所示。

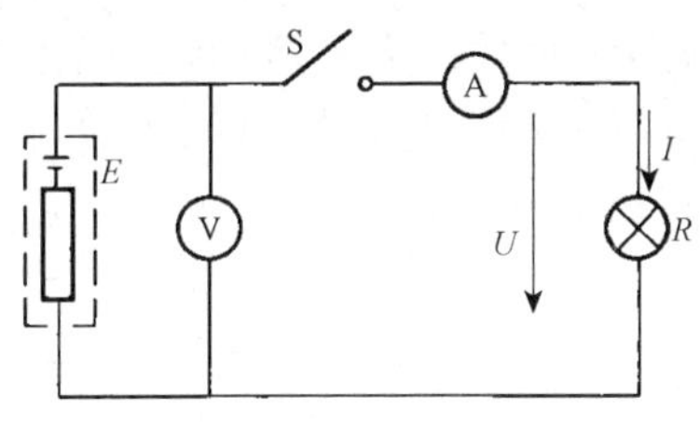

图 4-1　电路

（1）电源。将其他形式的能量转换为电能的装置，在电路中，电源产生电能，并维持电路中的电流。

（2）负载。将电能转换为其他形式能量的装置。

（3）导线。连接电源和负载的导体，为电流提供通道并传输电能。

（4）控制器件：在电路中起接通、断开、保护、测量等作用的装置。

2. 电路的类别

按照负载的连接方式，电路可分为串联电路和并联电路。电路中电流依次通过每一个组成元件的电路称为串联电路；所有负载（电源）的输入端和输出端分别被连接在一起的电路，称为并联电路。

按照电流的性质，分为交流电路和直流电路。电压和电流的大小及方向随时间变化的电路，称为交流电路；电压和电流的大小及方向不随时间变化的电路，称为直流电路。

3. 电路的状态

（1）通路。当电路的开关闭合，负载中有电流通过时称为通路，电路正常工作状态为通路。

（2）开路。即断路，指电路中开关打开或电路中某处断开时的状态，开路时电路中无电流通过。

（3）短路。电源两端的导线因某种事故未经过负载而直接连通时称为短路。短路时负载中无电流通过，流过导线的电流比正常工作时大几十倍甚至数百倍，短时间内就会使导线产生大量的热量，造成导线熔断或过热而引发火灾。短路是一种事故状态，应避免发生。

第三节　交流电基础知识

一、交流电

电流的大小和方向都随时间做周期性变化的电流，称为交流电。通过交流电的电路，称为交流电路。用字母“AC”或“～”表示。

交流电的瞬间值随时间的变化而变化，没有一个恒定的数值。交流电的最大值虽然恒定，但不宜用来表示交流电产生的效果。因此，在实际工作中常用交流电的有效值来表示交流电的大小。各种交流电的电气设备上标的额定电压和额定电流数值以及一般电流表和电压表测量的数值，也都是有效值。一般情况下，凡没有特别说明的，都是指有效值。常用的照明电路的电压为 220 V，就是指有效值。

二、频率

交流电正弦量每秒钟变化的次数叫作正弦量的频率，用符号 f 表示。单位为赫兹（Hz）。

三、周期

正弦交流电变化一周所需的时间称为正弦交流电的周期，单位为秒（s）。用符号 T 表示。

四、频率与周期

频率与周期的关系为

$$f=\frac{1}{T}$$

常用的交流电都是频率为 50 Hz 的正弦式交流电，即每秒 50 周，周期为 0.02 s。周期和频率都是描述交流电随时间变化快慢程度的物理量。

五、三相交流电产生

目前在生产实践中，无论是电能的生产，还是电能的输送及使用，都广泛地采用三相交流电。

图 4-2 是三相交流发电机示意。它有 3 个绕组（线圈），每个绕组称为一相。3 个绕组的首端分别用 A、B、C 表示，称为始端；3 个绕组尾端分别用 X、Y、Z 表示，称为末端。AX、BY、CZ 三相绕组彼此相差 120° 的间隔安装在转子上，故三相绕组的相位差是 120°，每相都产生正弦电压，三相交流电经升压后输送给用户。

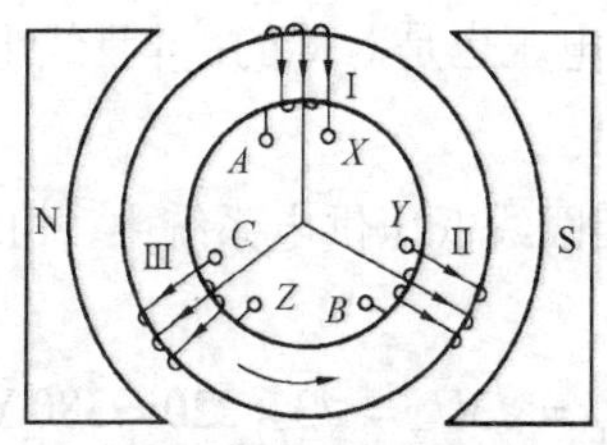

图 4-2　三相交流发电机示意

六、三相交流电源的连接

一般要将发电机绕组接成星形（Y 接）或者三角形（△接）。

1. 发电机绕组的星形连接

发电机绕组的星形连接如图 4-3 所示。

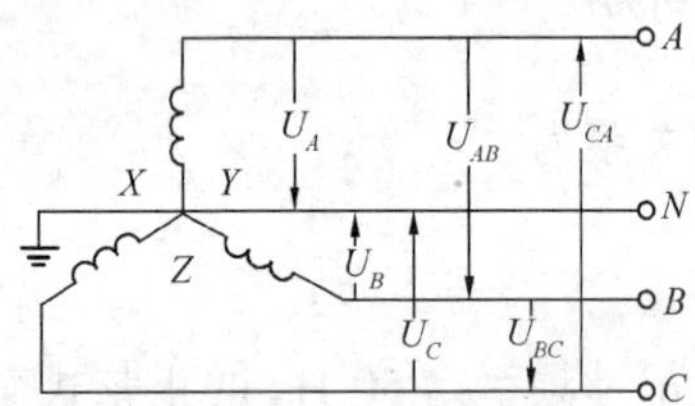

图 4-3　发电机绕组的星形连接

将发电机绕组的末端 X、Y、Z 连接在一起，称为公共点。此点又称为中点或者零点，从中点引出一根导线叫作中线 N。由发电机绕组的始端 A、B、C 分别引出三根线，称为端线或者火线。为了安全起见，通常将中线接地，故中线又称为地线。这种有中线的三相供电系统称为三相四线制。如果不引出中线就称为三相三线制。

每相端线与中线之间的电压称为相电压 U_A、U_B、U_C，一般用 U_p 表示相电压。端线与端线之间的电压称为线电压 U_{AB}、U_{BC}、U_{CA}，一般用 U_L 表示。三相发电机绕组作星形（Y）连接时，相电压 U_p 与线电压 U_L 是不相等的。三相电源作星形（Y）连接时，如果相电压是对称的，则线电压也是对称的；并且线电压的有效值等于相电压有效值的 $\sqrt{3}$ 倍。

我们常用的三相四线低压供电系统中，相电压是 220 V，由此可知线电压：

$$U_L = \sqrt{3}U_p = \sqrt{3} \times 220 = 380\ \text{V}$$

一般为 380/220 V。这种供电系统的最大特点是可以同时提供两种不同的三相对称交变电压，因而被广泛应用。

2. 发电机绕组的三角形连接

所谓三角形连接，就是把第一相绕组的末端与第二相的绕组的首端相连；把第二相绕组的末端与第三相绕组的首端相连；把第三相绕组的末端与第一相绕组的首端相连。并且从以上 3 个连接点上引出 3 根端线，向外供电，如图 4-4 所示。

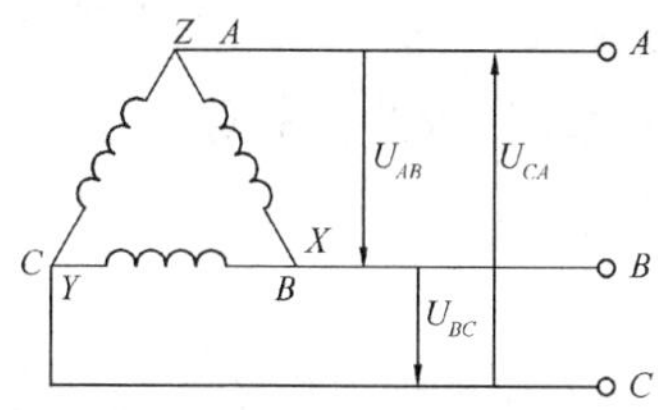

图 4-4　发电机绕组的三角形连接

从图 4-4 中很明显地看出，端线与端线之间的线电压也就是电源绕组每一相的相电压。可见这种绕组连接的特点是，线电压与相电压是相等的。

三角形连接方法，没有中线可引出，故只能形成三相三线制。并且只能提供一种大小的电压。通常发电机绕组很少采用这种连接方法。

七、三相异步电动机

电动机分为交流电动机和直流电动机两大类，交流电动机又分为异步电动机和同步电动机。异步电动机又可分为单相电动机和三相电动机。电冰箱、空调、洗衣机、风扇、小电钻及木工机械等使用的一般是单相异步电动机；塔式起重机的大车行走、变幅、起升、回转机构以及施工升降机驱动电机一般都采用三相异步电动机。

1. 三相异步电动机的结构

三相异步电动机也叫三相感应电动机，主要由定子和转子两个基本部分组成。转子又可分为鼠笼式和绕线式两种。

2. 三相异步电动机的铭牌

电动机出厂时，在机座上都有一块铭牌，上面标有该电机的型号、规格和有关数据。

（1）铭牌的标识：

电动机产品型号举例：Y2—160M2—8

Y——异步电动机（Y：异步；T：同步）；

2——设计序号；

160——机座号，160 表示电机轴心线到底座平面的高度，即中心高为 160 mm；

M——机座长度是中型（S—短；M—中；L—长）；

2——铁芯长度号是 2 号；

8——电动机的极数。

（2）技术参数：

①额定功率：电动机的额定功率也称额定容量，表示电动机在额定工作状态下运行时，轴上能输出的机械功率，单位为 kW。

②额定电压：指电动机额定运行时，外加于定子绕组上的线电压，单位为 V 或 kV。

③额定电流：指电动机在额定电压和额定输出功率时，定子绕组的线电流，单位为 A。

④额定频率：指电动机在额定运行时电源的频率，单位为 Hz。

⑤额定转速：指电动机在额定运行时的转速，单位为 r/min。

⑥接线方法：表示电动机在额定电压下运行时，三相定子绕组的接线方式。目前电动机铭牌上给出的接法有两种：一种是额定电压为 380/220 V，接法为 Y/△；另一种是额定电压为 380 V，接法

为△。

⑦绝缘等级：指绕组所采用的绝缘材料的耐热等级，它表明电动机所允许的最高工作温度，见表4-1。

表4-1　绝缘等级及允许最高工作温度

绝缘等级	Y	A	E	B	F	H	C
最高工作温度/℃	90	105	120	130	155	180	＞180

第五章　液压传动基础知识

用液体作为工作介质，主要以液体压力来进行能量传递的传动系统称为液压传动系统。

液体主要是水或油，起重机液压系统传递能量的工作介质是液压油，液压油同时还肩负着摩擦部位的润滑、冷却和密封等作用，常用液压油按黏度有N32 HL抗磨液压油、N46 HL抗磨液压油和N68 HL抗磨液压油，液压油的使用寿命一般是4 000～5 000 h。

第一节　液压系统组成

液压系统一般是由动力部分、控制部分、工作执行部分和辅助部分组成。

一、动力部分

液压系统动力部分的主要液压元件是油泵，它是能量转换装置，通过油泵把发动机（或电动机）输出的机械能转换为液体的压力能，此压力能推动整个液压系统工作并使机构运转。

液压系统常用的油泵有齿轮泵、柱塞泵、叶片泵、转子泵和螺栓泵等，其中汽车起重机、塔式起重机等采用的油泵主要是齿轮泵和柱塞泵。

1. 齿轮泵

齿轮泵由装在壳体内的一对齿轮组成。根据需要齿轮油泵设计有二联油泵或三联油泵，各泵有单独或共同的吸油口及单独的排油口，分别给液压系统中各机构供压力油，以实现相应的动作，如图 5-1 所示。

2. 柱塞泵

柱塞泵分为轴向柱塞泵和径向柱塞泵。柱塞泵的主要组成部分有柱塞、柱塞缸、泵体、斜盘、传动轴及配油盘等，如图 5-2 所示。

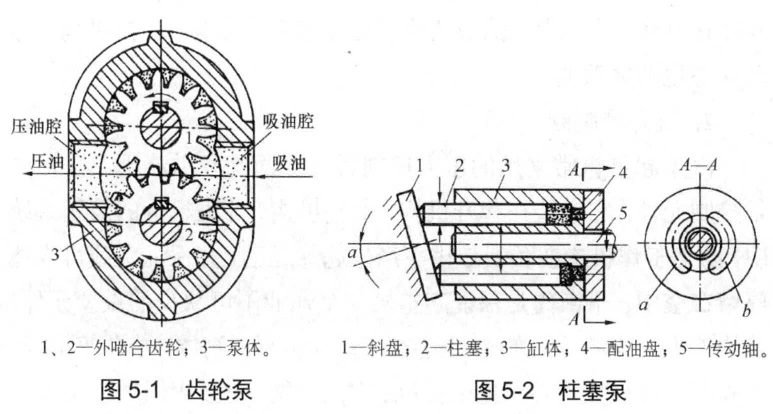

1、2—外啮合齿轮；3—泵体。

图 5-1 齿轮泵

1—斜盘；2—柱塞；3—缸体；4—配油盘；5—传动轴。

图 5-2 柱塞泵

二、控制部分

液压系统中的控制部分主要由不同功能的各种阀类组成，这些阀类的作用是控制和调节液压系统中油液流动的方向、压力和流量，以满足工作机构性能的要求。根据用途和工作特点，阀类可分为方向控制阀、压力控制阀和流量控制阀 3 种类型。

方向控制阀有单向阀和换向阀等；压力控制阀有溢流阀、减压阀、顺序阀和压力继电器等；流量控制阀有节流阀、调速阀和温度补偿调速阀等。

下面以汽车起重机液压系统控制部分采用的各种阀类为例分别介绍。

1. 方向控制阀

汽车起重机常采用的方向控制阀为换向阀，也称分配阀，属于控制元件。它的作用是改变液压的流动方向，控制起重机各工作机构的运动，多个换向阀组合在一起称为多联阀，起重机下车常用二联阀操纵下车支腿，上车常用四联阀，操纵上车的起升、变幅、伸缩、回转机构。换向阀主要由阀芯和阀体两种基本零件组成，改变阀芯在阀体内的位置，油液的流动通路就发生变化，工作机构的运动状态也随之改变。

2. 压力控制阀

汽车起重机常采用的压力控制阀为平衡阀和溢流阀。平衡阀是控制元件，它安装在起升机构、变幅机构、伸缩机构的液压系统中，防止工作机构在负载作用下产生超速运动，并保证负载可靠地停留在空中，平衡阀是保证起重机安全作业不可缺少的重要元件，其构造由主阀芯、主弹簧、导控活塞、单向阀、阀体、端盖等组成。主阀芯的开启受导控活塞的控制。主阀弹簧一般为固定式，也有的为可调式。通过调整端盖上的调节螺钉来改变平衡阀的控制压力。

溢流阀属于控制元件，它是液压系统的安全保护装置，可限制系统的最高压力或使系统的压力保持恒定，起重机使用溢流阀是先导式溢流阀。它主要由主阀和导阀组成。主阀随导阀的启闭而启闭，主阀部分有主阀芯、主阀弹簧、阀座等。导阀部分有导阀、导阀弹簧、阀座、调整螺钉等。当系统压力高于调定压力时，导阀开启少量回油。由于阻尼作用，主阀下方压力大于上方压力，主阀上移开启，大量回油，使压力降至调定值，转动调节螺钉即可调整系统工作压力的大小。

3. 流量控制阀

汽车起重机常采用的流量控制阀为液压锁。液压锁又叫作液控单向阀，是控制元件。它安装在支腿液压系统中，能使支腿油缸活塞杆在任意位置停留并锁紧，支撑起重机，也可以防止液压管路破裂可能发生的危险，凡是支腿油缸都安装有液压锁，它主要由阀体、柱塞和两个单向阀组成，柱塞可左右移动，打开单向阀。

三、工作执行部分

液压传动系统的工作执行部分主要是靠油缸和液压马达（又称油马达）来完成，油缸和液压马达都是能量转换装置，统称液动机。

下面以汽车起重机使用的油缸和液压马达为例做简要介绍。

1. 油缸

油缸是执行元件，它将压力能转变为活塞杆直线运动的机械能，推动机构运动，变幅机构、伸缩机构、支腿等均靠油缸带动。油缸由缸筒、活塞、活塞杆、缸盖、导向套、密封圈等组成。

2. 液压马达

液压马达又称油马达，是执行元件。它将压力能转变为机械能，驱动起升机构和回转机构运转。起重机上常用的油马达有齿轮式马达和柱塞式马达。轴向柱塞式油马达因其容积效率高、微动性能好，在起升机构中最为常用。油马达与油泵互为可逆元件，构造基本相同，有些柱塞式马达与柱塞泵则完全相同，可互换使用。

四、辅助部分

液压系统的辅助部分由液压油箱、油管、密封圈、滤油器和蓄能器等组成。它们分别起储存油液、传导液流、密封油压、保持油液清洁、保持系统压力、吸收冲击力和油泵的脉冲压力等作用。

第二节　液压系统的基本回路

一、调压回路

调压回路的作用是限定系统的最高压力，防止系统的工作超载。图 5-3 是起重机主油路调压回路，它是用溢流阀来调整压力的，由于系统压力在油泵的出口处较高，所以溢流阀设在油泵出油口侧的旁通油路上，油泵排出的油液到达 *A* 点后，一路去系统，另一路去溢流阀，这两路是并联的，当系统的负载增大、油压升高并超过溢流阀的调定压力时，溢流阀开启回油，直至油压下降到调定值时为止。该回路对整个系统起安全保护作用。

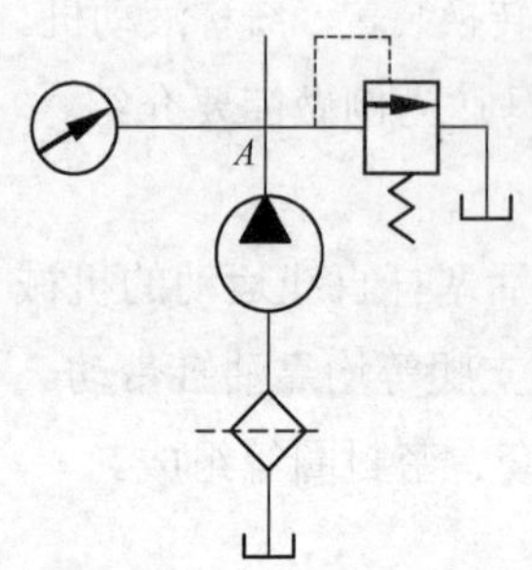

图 5-3　调压回路

二、卸荷回路

当执行机构暂不工作时，应使油泵输出的油液在极低的压力下流回油箱，减少功率消耗，油泵的这种工况称为卸荷。卸荷的方法很多，起重机上多用换向阀卸荷，图 5-4 是利用滑阀机能的卸荷回路，当执行机构不工作时，三位四通换向阀阀芯处于中间位置，这时进油口 P 与回路口 O 相通，油液流回油箱卸荷。图中 M 型、H 型、K 型滑阀机都能实现卸荷。

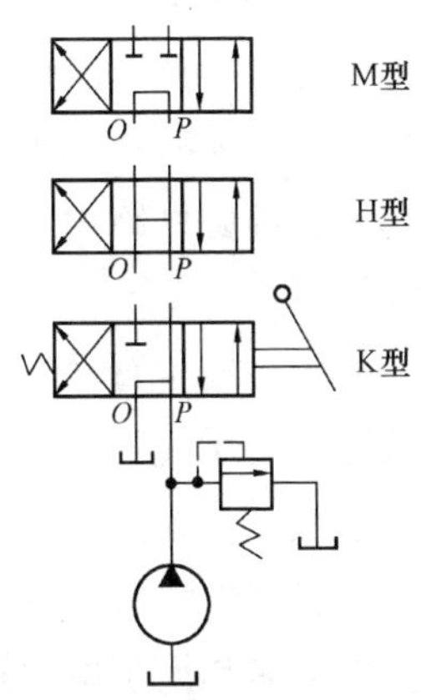

图 5-4　利用滑阀机能的卸荷回路

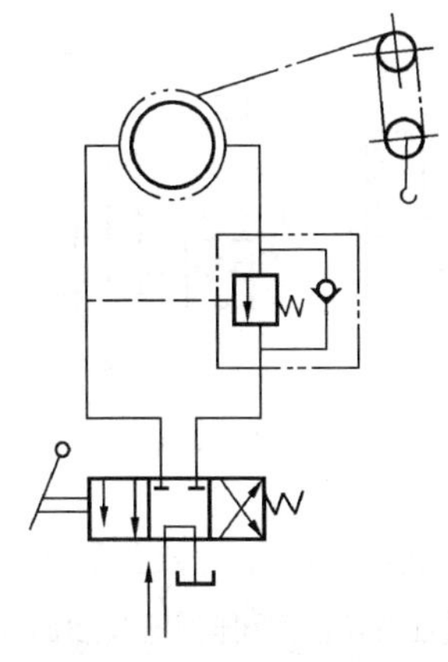

图 5-5　常见的限速回路

三、限速回路

限速回路也称为平衡回路，起重机的起升马达、变幅油缸及伸缩油缸在下降过程中，由于载荷与自重的重力作用，有产生超速的趋势，运用限速回路可以可靠地控制其下降速度。常见的限速回路如图 5-5 所示。

当吊钩起升时，压力油经右侧平衡阀的单向阀通过，油路畅通，当吊钩下降时，左侧通油，但右侧平衡阀回油通路封闭，马达不能转动，只有当左侧进油压力达到开启压力，通过控制油路打开平衡阀芯形成回油通路时，马达才能转动使物体下降，如在重力作用下马达发生超速运转，则造成进油路不足，油压降低，使平衡阀芯开口关小，回油阻力增大，从而限定重物的下降速度。

四、锁紧回路

起重机执行机构经常需要在某个位置保持不动，如支腿、变幅与伸缩油缸等，这样必须把执行元件的进口油路可靠地锁紧，否则便会发生“坠臂”或“软腿”危险，除用平衡阀锁紧外，还有液控单向阀锁紧，它用于起重机支腿回路中，锁紧回路如图 5-6 所示。

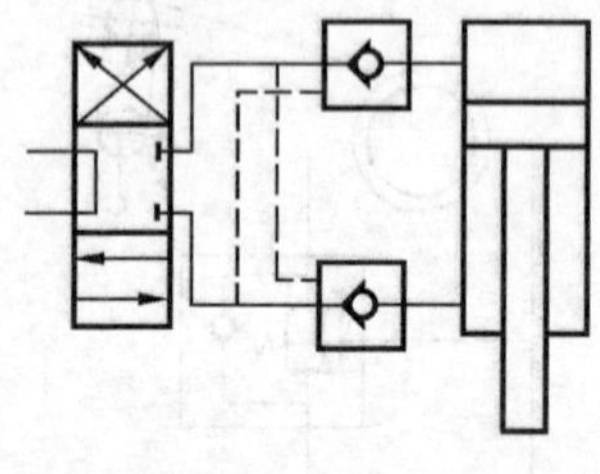

图 5-6　锁紧回路

当换向阀处于中间位置，即支腿处于收缩状态或外伸支承起重机作业状态时，油缸上下腔被液压锁的单向阀封闭紧缩，支腿不会发生外伸或收缩现象，当支腿需外伸（收缩）时，液压油经单向阀进入油缸的上（下）腔，并同时作用于单向阀的控制活塞打开另一单向阀，允许油缸伸出（缩回）。

五、制动回路

图 5-7 所示为常闭式制动回路，起升机构工作时，扳动换向阀，压力油一路进入油马达，另一路进入制动器油缸推动活塞压缩弹簧实现松闸。

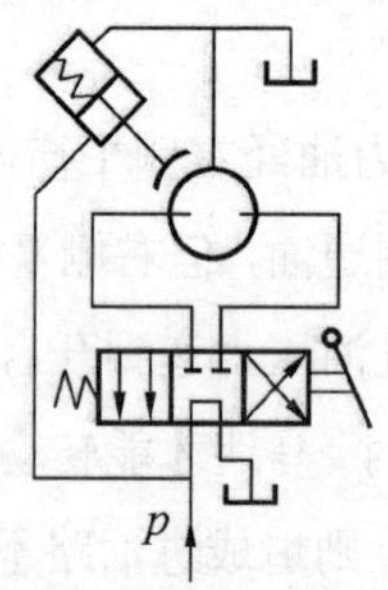

图 5-7　常闭式制动回路

第六章　钢结构基础知识

第一节　钢结构的特点

钢结构是用钢板和型钢作为基本构件，采用焊接、铆接或螺栓连接等方式，按照一定的构造连接起来，承受规定载荷的结构。

与其他材料相比，钢结构有以下特点：

（1）钢结构的强度较高，所以构件的截面较小、自重较轻，便于运输和装拆。

（2）塑性好，钢结构在一般条件下不会因超载而突然断裂；韧性好，钢结构对动力载荷和冲击载荷的适应性强。

（3）钢结构的材质均匀，力学性能接近匀质、各向同性，是理想的弹塑性材料，有较大的弹性模量；用一般工程力学方法计算的结果与结构的实际工作情况很接近，较安全可靠。

（4）钢结构的制造可在专业化的金属结构厂中进行，制作简便，精度高；制作的构件运到现场拼装，装配化作业、效率高、周期短；已建成的钢结构也易于拆卸、更换、加固或改建。因此钢结构制造简便、施工方便、工业化程度高。

（5）钢结构在潮湿和有腐蚀性介质的环境中容易锈蚀，故必须采用防护措施，如除锈、刷油漆、镀锌等。

（6）当温度在 150℃以内时，钢的力学性质变化很小；当温度达到 300℃以上时，强度将迅速下降；当温度达到 500℃以上时，钢结构会瞬时全部崩溃。所以钢结构的耐热性好，但防火性差。

第二节　钢结构的材料

一、钢结构对所用材料的要求

钢结构种类繁多，碳素钢有上百种，合金钢有 300 余种，性能差别很大，符合钢结构要求的钢材很少。用以制造钢结构的钢材称为结构钢，它必须满足下列要求：

（1）抗拉强度σ_b和屈服强度σ_s较高。钢结构设计把σ_s作为强度承载力极限状态的标志。σ_s高可减轻结构自重，节约钢材和降低造价；σ_b是钢材抗拉断能力的极限，σ_b高可增加结构的安全保障。

（2）塑性和韧性好。塑性和韧性好的钢材在静载和动载作用下有足够的应变能力，既可减轻结构脆性破坏的倾向，又能通过较大的塑性变形调整局部应力，使应力得到重新分布，从而提高结构抵抗重复载荷作用的能力。

（3）良好的加工性能。材料应适合冷、热加工，具有良好的可焊性，不致因加工而对结构的强度、塑性和韧性等造成较大的不利影响。

（4）耐久性好。

（5）价格便宜。

此外，根据结构的具体工作条件，有时还要求钢材具有适应低温、高温等环境的能力。

根据上述要求，结合多年的实践经验，《钢结构设计规范》（GB 50017—2017）主要推荐碳素结构钢中的Q235钢，低合金结构钢中的Q345钢（16Mn钢）、Q390钢（15MnV钢）和Q420钢（15MnVN钢）作为结构用钢。

二、低碳钢在拉伸时的机械性能

低碳钢一般是指含碳量在0.25%以下的碳素钢。在拉伸试验中，其试件应力—应变曲线如图6-1所示。

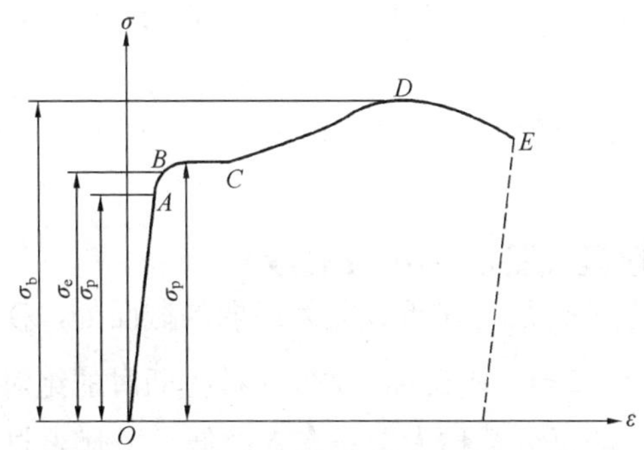

图6-1 钢材拉伸时的应力—应变曲线

1. 弹性阶段（图6-1中的*OA*段）

试验表明，当应力σ小于比例极限σ_p时，σ与ε呈线性关系，称该直线的斜率*k*为钢材的弹性模量（*E*）。在钢结构设计中，对所有钢材统一取E=2.06×10^{5}N/mm^2。当应力不超过某一应力时，卸除载荷后，试件的变形将安全恢复，在σ达到σ_e之前钢材处于弹性变形阶段，称为弹性阶段。略高于σ_p，两者极其接近，因而通常取比例极限σ_p值和弹性极限σ_e值相同，并用比例极限σ_p表示。

2. 屈服阶段（图6-1中的*BC*段）

当应力超过*B*点增加到某一数值时，应变有非常明显的增加，而应力先是下降，然后基本保持不变，而应变有明显增加的现象，称为屈服。在屈服阶段内的最高应力和最低应力分别称为上屈服限和下屈服限。上屈服限的数值与试件形状、加载速度等因素有关，一般是不稳定的。下屈服限则有比较稳定的数值，能够反映材料的性质。通常把下屈服限称为屈服极限，用 σ_s 来表示。考虑 σ 达到 σ_s 后钢材暂时不能承受更大的载荷，且伴随产生很大的变形，因此钢结构设计取 σ_s 作为钢材的强度承载力极限。

3. 强化阶段（图 6-1 中的 *CD* 段）

钢材经历了屈服阶段较大的塑性变形后，金属内部结构得到调整，产生了继续承受增长载荷的能力，应力—应变曲线又开始上升，一直到 *D* 点，称为钢材的强化阶段。强化阶段的最高点 *D* 所对应的应力，是材料所能承受的最大应力，称为强度极限，用 σ_b 表示。

4. 颈缩阶段（图 6-1 中的 *DE* 段）

当应力达到 σ_b 后，在承载能力最弱的截面处，横截面急剧收缩，且荷载下降直至拉断破坏。试件在被拉断时的绝对变形值与试件原标距之比的百分数称为伸长率 δ。伸长率代表材料在单向拉伸时的塑性应变能力。

钢材的 σ_s、σ_b 和 δ 是承重钢结构对钢材要求所必需的三项基本机械性能（也称力学性能）指标。

三、钢材冷弯试验表现的性能

钢材的冷弯性能由冷弯试验来确定，试验按照《金属材料　弯曲试验方法》（GB/T 232—2010）的要求进行。试验时按照规定的弯心直径在试验机上用冲头加压，如图 6-2 所示，使试件弯曲 180°，若试件外表面不出现裂纹和分层，即为合格。冷弯试验不仅能直接反映钢材的弯曲变形能力和塑性性能，还能显示钢材内部的冶金缺陷（如分层、非金属夹渣等）状况，是判别钢材塑性变形能力及冶金质量的综合指标。重要结构中需要有良好的冷热加工性能时，应有冷弯合格保证。

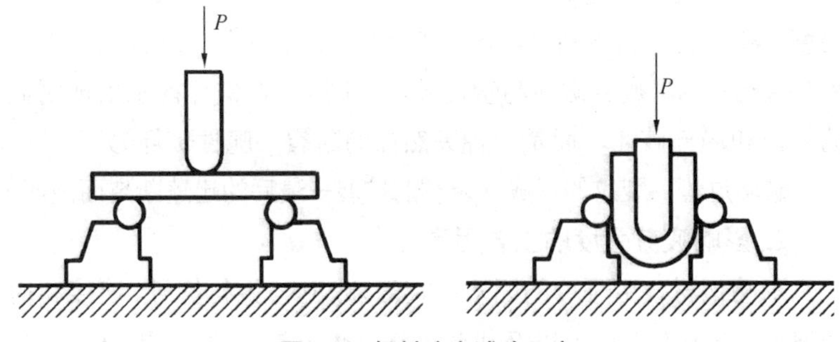

图 6-2　钢材冷弯试验示意

四、钢材冲击试验表现的性能

钢材的冲击韧性是指钢材在冲击载荷作用下断裂时吸收机械能的一种能力，是衡量钢材抵抗可能因低温、应力集中、冲击荷载作用等而致脆性断裂能力的一项机械性能。在实际结构中，脆性断裂总是发生在有缺口高峰应力的地方。因此，最有代表性的是钢材的缺口冲击韧性，简称冲击韧性。钢材的冲击韧性试验采用 V 形缺口的标准试件，在冲击试验机上进行，如图 6-3 所示。冲击韧性值用击断试样所需的冲击功 A_{KV} 表示，单位为 J。

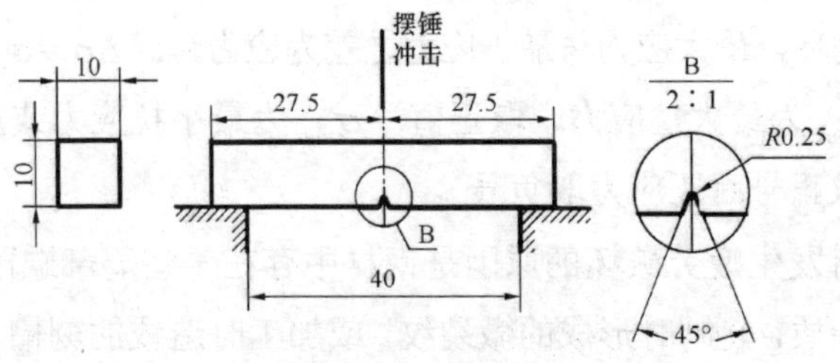

图 6-3　冲击试验

五、钢材在连续反复载荷作用下的性能——疲劳

1. 疲劳破坏

钢材在连续反复载荷（循环载荷）作用下，应力虽然低于极限强度，甚至低于屈服强度，但仍然会发生断裂破坏，这种破坏形式称为疲劳破坏。疲劳破坏与塑性破坏不同，它在破坏前不出现明显的变形和局部破坏，而是一种突然性的断裂（脆性破坏）。

破坏过程：裂纹的形成→裂纹的扩展→最后的迅速断裂而破坏。

2. 影响疲劳强度的主要因素

影响钢材疲劳强度的因素比较复杂，它与钢材标号、连接和构造情况、应力变化幅度以及载荷重复次数等都有关系。钢材破坏时所能达到的最大应力，将随载荷重复次数的增加而降低。

疲劳强度还与应力循环形式有关。

（1）循环荷载：结构或构件承受的随时间变化的荷载。

（2）应力循环：构件截面应力随时间的变化。

（3）应力循环次数：结构或构件破坏时所经历的应力变化次数。

（4）应力比：循环应力中最小拉应力或压应力σ_{min}与最大拉应力σ_{max}之比。$\rho=\sigma_{min}/\sigma_{max}$（此处拉应力取正号而压应力取负号）。

（5）应力幅：在循环荷载作用下，应力从最大到最小重复一次为一次循环，最大应力与最小应力之差为应力幅。$\Delta\sigma=\sigma_{max}-\sigma_{min}$（此处$\sigma_{max}$为最大拉应力，取正值；$\sigma_{min}$为最小拉应力或压应力，拉应力取正号而压应力取负号）。

钢材发生疲劳破坏的原因是钢材中存在一些局部缺陷，如不均匀的杂质，轧制时形成的微裂纹，或加工时造成的刻槽、孔槽和裂痕等。当循环载荷作用时，在这些缺陷处的截面上应力分布不均

匀，产生应力集中现象。在循环应力的重复作用下，首先在应力高峰处出现微观裂纹，然后逐渐发展形成宏观裂缝，使有效截面积相应减小，应力集中现象越来越严重，裂缝就会不断扩展。当载荷循环到一定次数时，不断被削弱的截面就发生脆性断裂，即出现疲劳破坏，如果钢材中存在由于轧制和加工而形成的分布不均匀的残余应力时，会加速钢材的疲劳破坏。

六、钢材的脆性破坏

由图 6-1 中可以看出，在单向拉伸时钢材在破坏之前要产生很大的塑性变形。但在某些情况下，也可能在破坏之前并不出现明显的变形而突然断裂。这种脆性破坏由于事先不能被发觉，容易造成事故，危险性大，因此钢结构应尽量避免发生脆性破坏。

钢结构发生脆性破坏的原因甚为复杂。就影响钢材变脆的主要因素而言，有以下几种：

1. 影响因素

（1）化学成分及组织结构的影响。

在普通碳素钢中，碳可以使钢强度提高，但使塑性和韧性降低，并降低钢的可焊性，使钢的焊接性能变差。因此加工用的钢材含碳量不宜太高，一般不应超过 0.22%。在焊接结构中则应限制在 0.2%以内。锰的含量不太高时可以使钢的强度提高而不降低塑性；但如含量过高（达 1%以上时），也可使钢材变脆变硬，并降低钢的抗锈性和可焊性，锰在普通碳素钢中的含量一般为 0.3%～0.65%。硅的含量适当时也可使钢的强度大为提高而不降低塑性，但含量高时（1%左右），将降低钢的塑性、韧性、抗锈性和可焊性。在普通碳素钢中硅的含量一般为 0.07%～0.3%。

在普通碳素钢中，硫和磷是极为有害的化学成分，对其含量应有严格的限制，一般应使硫的含量小于 0.05%，磷的含量小于 0.045%。硫和铁化合而成的硫化铁熔点较低，在高温下，例如焊接、铆接等热加工时，即可熔化而使钢变脆（称为热脆）。磷的存在可以使钢材变得很脆，特别在低温下尤为严重（称为冷脆），且随含碳量的增加而加剧。氧和氮对钢材变脆的危害性极其严重，好在它们极易在铸锭过程中自钢液中逸出，故含量极微。含杂质较多的钢材还容易发生一种失效现象，即熔结在铁素体中的一些碳、氮等元素，经过一定时间，特别是在高温和塑性变形过程中，开始析出而形成碳化物和氮化物，这些物质当铁素体发生滑移时要起阻碍作用，因而会降低钢材的塑性和韧性，使钢材变脆。

（2）应力集中的影响。

如果构件的截面有急剧变化，例如出现孔洞、槽口、凹角、裂纹、厚度突然改变以及其他形状的改变等，应力的分布不再保持均匀，出现局部高峰应力，形成所谓应力集中现象。在应力集中的区域，钢材有转变为脆性状态的可能，钢材变脆的程度与应力集中的程度相一致。对于承受动力载荷和连续反复载荷作用的结构以及处于低温下工作的结构，由于钢材的脆性增加，应力集中的存在常常会产生严重的后果，因此需要特别注意。

（3）加工硬化的影响。

在重复载荷下钢材的比例极限有所提高的现象称为硬化。钢材经过冲孔、剪切、冷压、冷弯等加工后，会产生局部（或整体）硬化，降低塑性和韧性，这种现象称为加工硬化或冷作硬化。加工硬化还会加速钢材的实效硬化，在加工硬化的区域，钢材或多或少会存在一些裂缝或损伤，受力后出现应力集中现象，进一步使钢材变脆。因此，较严重的加工硬化现象会对承受动力载荷和反复振动载荷的结构产生十分不利的后果，在这类结构中，需要用退火、切削等方法来消除硬化现象。

（4）低温的影响。

低温的影响很大。钢材在低温下工作，强度会提高，但塑性和韧性会降低，且温度降到一定程度时，则会完全处于脆性状态。应力集中的存在将加速钢材的低温变脆。试验结果表明，随着温度的下降，冲击韧性将明显下降，当达到某一低温时，钢材几乎完全处于脆性状态，这时的温度称为冷脆温度。建筑起重机械由于在室外工作，在寒冷的季节，应特别注意低温变脆的问题。

（5）焊接的影响

焊接引起钢材变脆的原因主要是焊接过程中焊缝及其附近高温区域的金属（通常宽为 5～6 mm，称为热影响区），经过高温和冷却的过程，结晶的组织和机械性能起了变化。因此焊接引起钢材变脆是一个比较复杂的综合性问题。

焊缝冷却时，由于熔敷金属的体积较小，热量很快被周围的钢材所吸收，温度迅速下降，贴近焊缝的金属受到了淬火作用，使金属的硬度和脆性提高，韧性和塑性明显降低。如果碳、硫、磷等成分含量高，这种淬火硬化将更为严重。因此，对于重要的焊接结构的钢材，除机械性能以外，对化学成分特别是碳、硫、磷的含量必须严格控制。

2. 减小脆性破坏的方法

实际上，钢结构的脆性破坏通常是在上述各种因素的综合影响下发生的。例如，处于低温或承受连续反复载荷作用的焊接结构中的应力集中或材料硬化的区域，就常会出现脆性破坏。为了防止钢结构发生脆性破坏，一般需要在设计、制造及使用中注意以下几点：

（1）合理设计：在低温、动载荷条件下，要注意选择合适的钢材，保证负温冲击韧性，目的是使钢材完全脆性断裂的转变温度低于结构所处环境温度。故应尽量选用较薄的钢板，而少用较厚的钢板，因为钢板厚度加大时存在冶金缺陷的成分可能加大；另外，厚板辊轧次数小，晶粒一般较薄板粗糙，所以其材质较薄板差。应尽量做到结构或构件没有凹角及截面的突然改变，以求减小应力集中，避免焊缝过于密集，尤其要避免三条焊缝在空间垂直相交。

（2）正确制造。应严格遵守设计部门对制造所提出的技术要求。例如，尽量避免使材料出现应变硬化，因冲孔和剪切而造成的局部硬化区，要通过扩钻和刨边来除掉。要正确选择焊接工艺使之与设计相配合，以减少焊接残余应力，必要时可用热处理方法消除重要构件中的残余应力。应保证焊接质量，不在构件上任意起弧和锤击以避免结构的损伤，严格执行焊接质量检验制度。

焊接结构刚度大且材料连续，焊缝一旦开始扩展便会穿过焊缝及母材乃至贯通到底，因而保证焊接质量是特别重要的。

（3）正确使用。不在主要结构上加焊零件，避免造成机械损伤，不任意悬挂重物，不超载，对钢结构要进行维护和保养，注意防腐。

七、钢材的种类、钢号

钢材可按不同的条件进行分类。

按化学成分可分为碳素钢和合金钢，其中碳素钢根据含碳量的高低，又可分为低碳钢（C≤0.25%）、中碳钢（0.25%＜C≤0.6%）和高碳钢（C＞0.6%）；合金钢根据合金元素总含量的高低，又可分为低合金钢（合金元素总含量≤5%）、中合金钢（5%＜合金元素总含量≤10%）和高合金钢（合金元素总含量＞10%）。

按材料用途可分为结构钢、工具钢和特殊钢（如不锈钢等）。

按冶炼方法可分为转炉钢和平炉钢。平炉钢质量好，但冶炼时间长、成本高，氧气顶吹转炉钢质量与平炉钢相当而成本则相对较低。

按脱氧方法，可分为沸腾钢（F）、半镇静钢（B）、镇静钢（Z）

和特殊镇静钢（TZ），镇静钢和特殊镇静钢的代号可以省去。镇静钢脱氧充分，沸腾钢脱氧较差，半镇静钢介于镇静钢和沸腾钢之间。

按成型方法分类，可分为轧制钢（热轧、冷轧）、锻钢和铸钢。

1. 碳素结构钢

按质量等级将钢分为A、B、C、D 4个等级，A级钢只保证抗拉强度、屈服点、伸长率，必要时可附加冷弯试验的要求，化学成分可以不作为交货条件。B级、C级和D级钢均保证抗拉强度、屈服点、伸长率、冷弯和冲击韧性（分别为20℃、0℃、-20℃）等机械性能。化学成分对碳、磷、硫的极限含量要求比较严格。

钢的牌号由代表屈服点的字母Q、屈服点数值、质量等级符号（A、B、C、D）和脱氧方法符号4个部分按顺序组成。如Q195、Q235—A、Q235—B、Q235—C等。

2. 低合金高强度结构钢

按质量等级将钢分为A、B、C、D、E 5个等级，比碳素结构钢增加的一个等级E级，主要是要求-40℃的冲击韧性。

钢的牌号采用与碳素结构钢相同的表示方法，分为Q295、Q345、Q390、Q420、Q460等。

3. 优质碳素结构钢

优质碳素结构钢以不热处理状态交货。要求热处理状态（退火、正火或高温回火）交货的应在合同中注明。未注明者，则按不热处理状态交货，如用于高强度螺栓的45号优质碳素结构钢须经热处理，强度较高，对塑性和韧性又无明显的影响。

八、钢材选择应考虑的因素

选择钢材时应考虑下列因素：

（1）结构的重要性。对重要的结构应选用质量较好的钢材。

（2）载荷情况。载荷分为静载荷和动载荷两种。一般承受静载荷的结构可选用价格较低的 Q235 钢，直接承受动载荷的结构应选用综合性能好的钢材。

（3）连接方法。钢结构的连接方法有焊接和非焊接两种。由于在焊接过程中，会产生焊接变形、焊接应力以及其他焊接缺陷，有导致结构产生裂缝或脆性断裂的危险。因此焊接结构对材质的要求应严格一些。例如，在化学成分方面，焊接结构必须严格控制碳、硫、磷的含量；而非焊接结构对碳含量可降低要求。

（4）结构所处的温度和环境。钢材处于低温时容易冷脆，因此在低温条件下工作的结构，尤其是焊接结构，应选用具有良好抗低温脆断性能的镇静钢。此外，露天结构的钢材容易产生时效，受有害介质作用的钢材容易腐蚀、疲劳和断裂，也应区别地选择不同材质。

（5）钢材厚度。薄钢材辊轧次数多、轧制的压缩比大，厚度大的钢材压缩比小。所以，厚度大的钢材不但强度小，而且塑性、冲击韧性和焊接性能也较差。因此，厚度大的焊接结构应采用材质较好的钢材。

第三节　钢结构的连接类型

钢结构通常由钢板、型钢通过必要的连接组成构件，各构件再通过一定的安装连接而形成整体结构。连接部位应有足够的强度、刚度及塑性。被连接构件间应保持正确的相互位置，以满足传力和使用要求。

钢结构的连接方法可分为焊缝连接、铆钉连接、普通螺栓连接和高强度螺栓连接。

一、焊缝连接

焊缝连接是目前钢结构最主要的连接方法。它的优点是不削弱焊件的截面，连接的刚性好、构造简单、便于制造，并且可以采用自动化操作。它的缺点是会产生残余应力和残余变形，连接的塑性和韧性较差。

二、铆钉连接

铆钉连接的优点是塑性和韧性较好、传力可靠、质量易于检查，适用于直接承受动载结构的连接，如铁路桥梁。缺点是构造复杂，用钢量多，目前已很少采用。

三、普通螺栓连接

普通螺栓连接的优点是施工简单、拆卸方便；缺点是用钢量多，适用于安装连接和需要经常拆卸的结构。普通螺栓又分为 C 级（粗制）螺栓和 A 级、B 级（精制）螺栓。C 级螺栓一般用 Q235 钢制成，螺栓强度级别为 4.6 级。A 级、B 级螺栓一般用 45 号钢和 35 号钢制成，螺栓强度级别为 8.8 级。A 级和 B 级的区别只是尺寸不同，其中 A 级包括 $d \leqslant 24$ mm，且 $L \leqslant 150$ mm 的螺栓；B 级包括 $d > 24$ mm，且 $L > 150$ mm 的螺栓，d 为螺杆直径，L 为螺杆长度。

C 级螺栓用圆钢辊轧而成，表面比较粗糙，尺寸不是很精确。C 级螺栓的螺孔是一次冲成或不用钻模钻成（称 II 类孔），孔径比螺栓公称直径（外直径）大 1～2 mm。所以在受剪力作用时，剪切变形很大，并且有可能个别螺栓先与孔壁接触，承受超额内力而先遭破坏。但C级螺栓制造方便，又易于装拆，因此，它适宜于沿轴方向受拉的连接以及临时固定结构用的安装连接等，如在连接中有较大剪力作用，则可另用支托来承受剪力。C级螺栓也可用于承受静载荷的次要连接和间接承受动载荷的次要连接中，对于承受动载荷的连接，应使用双螺母或其他防止螺母松动的措施。

A级、B级螺栓一般为车制而成，表面光滑，尺寸较精确。螺孔用钻模钻成或扩钻而成（称Ⅰ类孔）。螺杆的直径和孔径间隙只容许0.2～0.3 mm。安装时须轻击入孔，可承受剪力和拉力。但是A级、B级螺栓的制造和安装都比较费工，价格昂贵，故在钢结构中很少采用。

四、高强度螺栓连接

高强度螺栓连接和普通螺栓连接的主要区别是，普通螺栓拧紧螺母时，螺栓产生的预拉力很小，由板面挤压力产生的摩擦力可以忽略不计。普通螺栓抗剪连接时是依靠孔壁承压和螺杆抗剪来传力。高强度螺栓除了其材料强度高之外，施工时还给螺杆施加很大的预应力，使被连接构件的接触面之间产生挤压力，因此板面之间垂直于螺杆方向受剪时有很大的摩擦力。依靠接触面间的摩擦力来阻止其相互滑移，以达到传递外力的目的。高强度螺栓抗剪连接，分为摩擦型连接和承压型连接。

1. 高强度螺栓摩擦型连接

高强度螺栓摩擦型连接只利用摩擦传力这一工作阶段，具有连接紧密、受力良好、耐疲劳、可拆换、安装简单以及动载荷作用下不易松动等优点，在钢结构中得到广泛应用。

2. 高强度螺栓承压型连接

高强度螺栓承压型连接，起初由摩擦传力，后来则依靠螺杆抗剪和承压传力，其承载能力比摩擦型连接高，可以节约钢材，也具有连接紧密、可拆换、安装简单等优点。但这种连接的剪切形变较大，不能直接用于承受动载荷的结构。

专业技术篇

第七章　起重吊装零部件

第一节　钢丝绳

一、概述

1. 钢丝绳的用途

钢丝绳是建筑起重机械的重要零件之一，它具有强度高、自重轻、挠性好、运行平稳、极少突然断裂等优点，而被广泛用于起重机的起升机构中，也用于变幅机构、牵引机构中，有时也用于回转机构中。此外，钢丝绳还用作桅杆起重机的桅杆张紧绳、缆索起重机与架空索道的支承绳以及用于捆扎物品。

2. 钢丝绳的材料与制造方法

钢丝绳的钢丝要求有很高的强度与韧性，通常由含碳量0.5%～0.8%的优质碳素钢制成，含硫、磷量都不大于0.03%。

优质钢锭通过热轧制成直径约为6 mm的圆钢，然后经过冷拔工艺将直径减到所需尺寸（通常为0.5～2 mm）。在拔丝过程中还要经过若干次热处理。热处理及冷拔过程中的变形强化使钢丝达到很高的强度，通常为1 400～2 000 N/mm^2（Q235钢的强度只有380 N/mm^2）。

钢丝首先捻成股，然后将若干股围绕着绳芯捻制成绳。

股是由一定形状和大小的多根钢丝、拧成一层或多层螺旋状而形成的结构，是构成钢丝绳的基本元件。

绳芯的作用是增加挠性、弹性和润滑。一般在绳中心布置绳芯，有时为了更多地增加钢丝绳的挠性与弹性，在每一股的中心也布置绳芯。

绳芯的种类：

1）天然纤维芯：通常用浸透润滑油的麻绳做成。不能用于高温环境。

2）合成纤维芯：由聚合物（合成高分子化合物）制成的纤维，如聚乙烯、聚丙烯等。

3）金属芯：用软钢丝或钢丝股做芯子，用于高温或多层卷绕的地方。

二、钢丝绳的构造、类型及标记代号

1. 根据钢丝绳的捻制次数分类

(1) 单捻绳。由若干断面相同或不同的钢丝一次捻绕而成。圆形断面的钢丝捻制成的钢丝绳，如图 7-1（a）所示，僵性大、挠性差、强度高，适用于不绕过滑轮的情况，如张紧绳。异形断面的钢丝捻绕成的钢丝绳，称为封闭绳。虽然僵性大，但表面光滑，承受横向载荷能力强，常用作缆索起重机的承载绳，如图 7-1（b）所示。

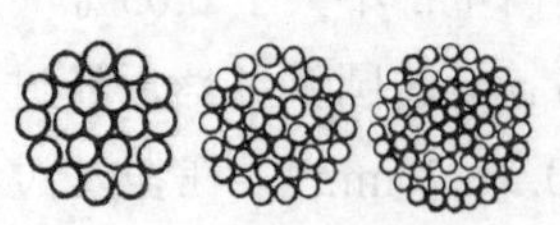

(a) 张紧绳

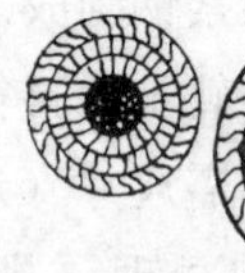

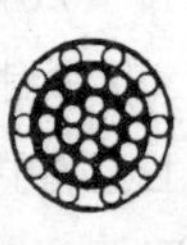

(b) 承载绳

图 7-1　单捻钢丝绳

（2）双捻绳。先由钢丝捻成股，再用股捻成绳，如图 7-2 所示。由于它强度高，挠性好，制造又不复杂，因此所有起重机都广泛采用。

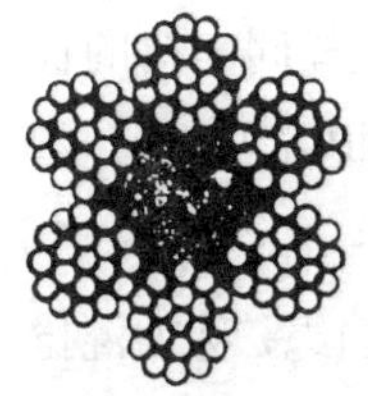

(a) 点接触钢丝绳

(b) 外粗式（西鲁式）

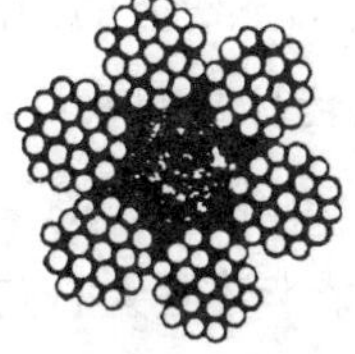

(c) 粗细式（瓦林吞式）

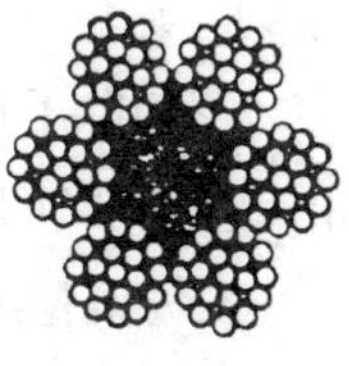

(d) 填充式

图 7-2　双捻钢丝绳

（3）三捻绳。把双捻绳作为股，再用这种股捻成绳，如图 7-3 所示。它的挠性最好，但制造复杂，外层钢丝细，易磨损断裂，起重机很少采用。

图 7-3　三捻钢丝绳

2. 根据钢丝绳的捻法和捻向分类

（1）同向捻。由钢丝捻成股和由股捻成绳的捻向相同，如图 7-4（a）（c）所示。它的挠性好，寿命长，但容易自行松散、扭转、打结，适用于有钢制导轨（如电梯）和经常保持张紧的地方，如牵引小车的牵引绳。

（2）交互捻绳。由钢丝捻成股和由股捻成绳的捻向相反，如图 7-4（b）（d）所示。钢丝基本上顺着绳的轴线方向，其股间外层钢丝接触不良，挠性较差，寿命较低，但不易松散和扭转，普遍用于起升机构中。

上述两种双捻钢丝绳，按由股捻成绳的方向，又可分为左向捻和右向捻两种。左向捻（或 S）：股在绳中捻制的螺旋线方向是自右、向上、向左；右向捻（或 Z）：股在绳中捻制的螺旋线方向是自左、向上、向右。没有特殊要求的一般多用右向捻绳。

近年来，在制绳工艺上采用预变形的方法，在成绳之前，用几个导轮使绳股得到弯曲，使之成为在绳中应有的形状，成绳之后，内应力极小，消除了扭转松散打结的趋势，因此又称为不松散的钢丝绳，这种预变形不松散的同向捻钢丝绳，既能发挥同向捻的优点，又免除了扭转打结的缺点。寿命长（约比过去提高50%）。国内已有很多工厂采用这项工艺。

（3）混捻绳。半数股为右向捻半数股为左向捻的绳，称为混捻绳，如图7-4（e）（f）所示。其性能介于同向捻、交互捻绳之间，但制造复杂，很少采用。

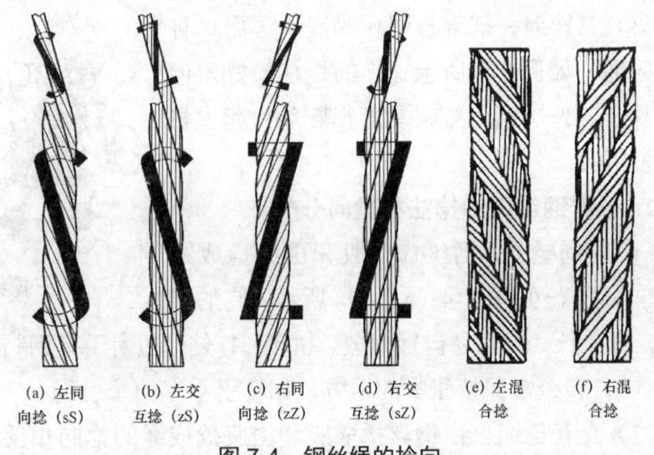

图7-4　钢丝绳的捻向

3. 按捻制特性（钢丝在股中的互相接触状态）分类

钢丝绳中钢丝的接触情况如图7-5所示。

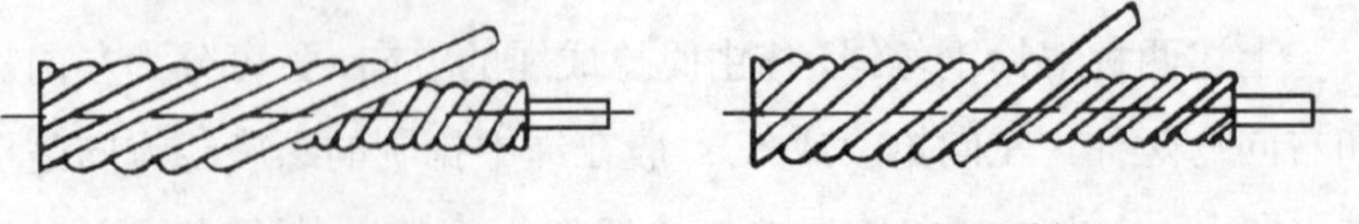

图7-5　钢丝绳中钢丝的接触情况

（1）点接触钢丝绳（非平行捻）。

如图 7-2（a）所示，绳股中各层钢丝直径相同。股中相邻两层具有近似相等的捻角（捻制时钢丝或股中心线与股或绳中心线的夹角），而捻距不同，因此，相邻两层钢丝之间呈点接触状态。点接触钢丝绳接触应力较高，在反复弯曲的工作过程中钢丝绳内钢丝易于磨损折断，寿命降低。点接触钢丝绳的优点是制造工艺简单、价格低廉，过去广泛用于起重机中，现多被线接触钢丝绳代替。

（2）线接触钢丝绳（平行捻）。

如图 7-2（b）（c）（d）和图 7-5（b）所示，股中所有钢丝具有相同的捻距，外层钢丝位于内层各钢丝之间的沟槽里，内外层钢丝互相接触在一条螺旋线上形成线接触。为了达到线接触，需要采用不同直径的钢丝。

这种绳的优点是：

①由于相邻钢丝之间为线接触，当钢丝绳在滑轮和卷筒上时，钢丝间的接触应力降低，从而挠性较好。

②粗细钢丝的分布合理，外层用粗钢丝可以提高耐磨性，内层用细钢丝可以增加绳的挠性，故寿命较长。

③由于采用不同直径的钢丝，绳的横截面内充填较满，故较之点接触钢丝绳承载能力大，而且防尘和抗潮性能好。

④在相同载荷下，采用线接触钢丝绳时，可以选用较小的直径，从而减小了滑轮和卷筒的直径，减小了减速器的输出轴力矩，可以使起升机构尺寸紧凑。

国外生产的起重机一般都采用线接触钢丝绳。试验也明显地表明线接触钢丝绳要比点接触钢丝绳的寿命高出一倍以上。因此，为了提高起重机上使用的钢丝绳寿命，《起重机设计规范》（GB/T

3811—2008）中建议优先采用线接触钢丝绳。

线接触钢丝绳，根据绳股断面的结构分为以下 3 种：

1）外粗型又称西鲁型（S 型）钢丝绳：如图 7-2（b）所示，股中间一层钢丝的直径相同，不同钢丝直径不同，内层细外层粗，外层耐磨。

2）粗细型又称瓦林吞型（W 型）钢丝绳：如图 7-2（c）所示，外层采用粗细两种钢丝，粗钢丝位于内层钢丝的沟槽中，细钢丝位于粗钢丝之间，断面充填系数高，挠性好，承载能力大。

3）填充型（F 型）钢丝绳：如图 7-2（d）所示，在股中内、外层钢丝沟槽中，填充细钢丝，增加了股中钢丝的数量，断面充填系数更高，挠性好，承载能力更大。

（3）面接触钢丝绳。

面接触钢丝绳常做成密封绳，为达到面接触，钢丝必须制成异形断面，其优点与线接触钢丝绳相同，但效果更为显著，缺点是制造工艺复杂，价格昂贵。面接触（密封）钢丝绳适用于架空索道、塔式起重机主索、吊桥主索等场合。

钢丝绳一般由 6 股绕成，也有 8 股、18 股或更多股的。股越多与卷绕装置接触越好，不仅钢丝绳寿命长，也减少了卷绕装置的磨损。如果内外层的钢丝捻向相反，还可制成不扭转钢丝绳。

4. 钢丝绳标记代号举例

钢丝绳标记系列的描述应按《钢丝绳　术语、标记和分类》（GB/T 8706—2017）的相关规定进行。该系列列出了描述钢丝绳所要求的最少信息量（例如，当有规定时或需要证实时）。该系列适用于对大多数钢丝绳结构、级别、钢丝表面状态和层数的描述。

（1）格式。

钢丝绳标记系列由下列内容组成，如图 7-6 所示。

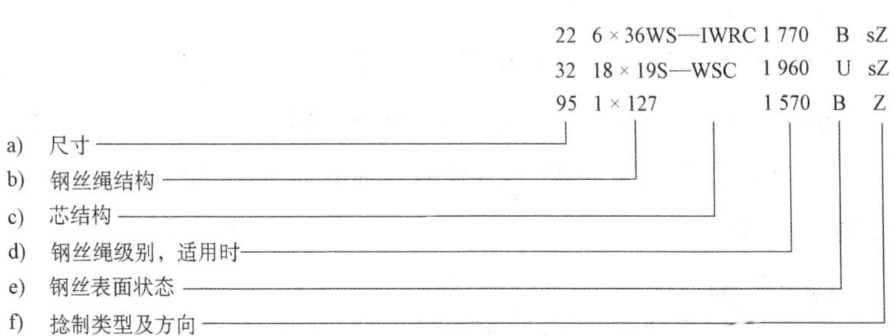

图 7-6　标记系列示例

（2）代号。

1）钢丝、股和钢丝绳横截面形状。

横截面形状代号：

①圆形：钢丝、股、钢丝绳均无代号。

②其他横截面形状代号参见《钢丝绳　术语、标记和分类》（GB/T 8706—2017）。

2）股结构类型。

普通类型的圆股结构代号：

①单捻：无代号。

②平行捻：

A. 西鲁式：S。

示例：19S 即（1-9-9）。

B. 瓦林吞式：W。

示例：19W 即（1-6-6+6）。

C. 填充式：F。

示例：21F 即（1-5-5F-10）。

③组合平行捻：

WS：示例 26WS 即（1-5-5+5-10）。

SWS：示例 49SWS 即（1-8-8-8+8-16）。

FS：示例 37FS 即（1-6-6F-12-12）。

SFS：示例 50SFS 即（1-7-7-7F-14-14）。

其他股类型代号参见《钢丝绳　术语、标记和分类》（GB/T 8706—2017）。

（3）结构。

1）尺寸。圆钢丝绳和编织钢丝绳公称直径应以毫米表示，扁钢丝绳公称尺寸（宽度×厚度）应以毫米表示。

对于包覆钢丝绳应标明两个值：外层尺寸和内层尺寸。对于包覆固态聚合物的圆股钢丝绳，外径和内径用斜线（/）分开。

2）钢丝绳结构。多股钢丝绳结构应按下列顺序标记：

①单层股钢丝绳：

A. 外层股数。

B. 乘号（×）。

C. 每个外层股中钢丝的数量及相应股的标记。

D. 连接号短划线（-）。

E. 芯的标记。

示例：6×36 WS-IWRC（更多示例参见《钢丝绳　术语、标记和分类》（GB/T 8706—2017）的附录 B）。

②平行捻密实钢丝绳：

A. 外层股数。

B. 乘号（×）。

C. 每个外层股中钢丝的数量及相应股的标记。

D. 连接号短划线（-）。

E. 表明外层股经过密实加工的平行捻绳芯的标记。

示例：8×19 S-PWRO（更多示例参见《钢丝绳　术语、标记和分类》（GB/T 8706—2017）的附录 B）。

③阻旋转钢丝绳：

A. 10 个或 10 个以上外层股。

a. 钢丝绳中除中心组件外的股的总数。

b. 当股的层数超过两层时，内层股的捻制类型标记在括号中标出。

c. 乘号（×）。

d. 每个外层股中钢丝的数量及相应股的标记。

e. 连接号短划线（-）。

f. 中心组件的标记。

示例：18×7-WSC 或 19×7（更多示例参见《钢丝绳　术语、标记和分类》（GB/T 8706—2017）的附录 B）。

B. 8 个或 9 个外层股。

a. 外层股数。

b. 乘号（×）。

c. 每个外层股中钢丝的数量及相应股的标记。

d. 连接号冒号（:）表示反向捻芯。

e. IWRC。

示例：8×25F：IWRC。

3）芯结构。单层股钢丝绳芯、平行捻密实钢丝绳中心和阻旋转钢丝绳中心组件的代号应符合下列规定：

①单层钢丝绳：

A. 纤维芯：FC。

a. 天然纤维芯：NFC。

b. 合成纤维芯：SFC。

c. 固态聚合物芯：SPC。

B. 钢芯：WC。

a. 钢丝股芯：WSC。

b. 独立钢丝绳芯：IWRC。

c. 压实股独立钢丝绳芯：IWRC（K）。

d. 聚合物包覆独立绳芯：EPIWRC。

②平行捻密实钢丝绳：

A. 平行捻钢丝绳芯：PWRC。

B. 压实股平行捻钢丝绳芯：PWRC（K）。

C. 填充聚合物的平行捻钢丝绳芯：PWRC（EP）。

③阻旋转钢丝绳：

中心构件有：

A. 纤维芯：FC。

B. 钢丝股芯：WSC。

C. 压实钢丝股芯：KWSC。

4）钢丝绳级别。当需要给出钢丝绳的级别时，应标明钢丝绳破断拉力级别，如1770、1370/1770。

注：不是所有的钢丝绳都需要标明钢丝绳的级别。

5）钢丝绳表面状态。钢丝的表面状态（外层钢丝）应用下列字母代号标记：

①光面或无镀层：U。

②B级镀锌：B。

③A级镀锌：A。

④B级锌合金镀层：B（Zn/Al）。

⑤A级锌合金镀层：A（Zn/Al）。

对于其他的表面状态的标识应保证所选用的字母代号的含义是明确的。

6）捻制类型及方向。

①单捻钢丝绳：

捻制方向应用下列字母代号标记：

A. 右捻：Z。

B. 左捻：S。

②多股钢丝绳：

捻制类型和捻制方向应用下列字母代号标记：

A. 右交互捻：sZ。

B. 左交互捻：zS。

C. 右同向捻：zZ。

D. 左同向捻：sS。

E. 右混合捻：aZ。

F. 左混合捻：aS。

注：交互捻和同向捻类型中的第一个字母表示钢丝在股中的捻制方向，第二个字母表示股在钢丝绳中的捻制方向。混合捻类型的第二个字母表示股在钢丝绳中的捻制方向。

三、钢丝绳的破坏及报废基准

钢丝绳极少突然断裂，都是由于外层钢丝反复弯曲、磨损、断丝数逐渐增多，使钢丝绳报废或破坏。

钢丝绳的报废主要有可见断丝数超标、直径的减少超标以及断股、腐蚀、畸形和损伤等。

1. 可见断丝报废基准

不同种类钢丝绳的可见断丝报废基准不同。单层股钢丝绳（如六股和八股）和平行捻密实钢丝绳按照钢丝绳内承载钢丝的总数在 6 *d* 和 30 *d* 长度范围内读取相应的断丝数报废值。对于阻旋转钢丝绳按钢丝绳外层股数和外层股内承载钢丝总数在 6 *d* 和 30 *d* 长度范围内读取相应的断丝数报废值。报废基准与断丝种类、钢丝绳的捻向、钢丝绳的缠绕层数等因素有关。一根钢丝绳只要是在任何部位断丝数达到报废基准值，就应报废。

钢丝绳达到报废程度的最少可见断丝数，以《起重机　钢丝绳　保养、维护、检验和报废》（GB/T 5972—2016）为准。

在实际应用中，钢丝绳达到报废程度的最少可见断丝数的简易判断方法总结如下，仅供参考：以单层股钢丝绳和平行捻密实钢丝绳为例。单层缠绕在卷筒或钢制滑轮上，在长度为6 d 范围内交互捻绳断丝数达到总丝数的 4% 即报废，同向捻绳断丝数达到总丝数的 2% 即报废；在长度 30 d 范围内交互捻绳断丝数达总丝数的 8% 即报废，同向捻绳断丝数达总丝数的 4% 即报废。多层缠绕在卷筒上，在长度为 6 d 范围内断丝数达到总丝数的 8% 即报废，在长度 30 d 范围内断丝数达总丝数的 16% 即报废。

对于阻旋转钢丝绳中达到报废程度的最少可见断丝数以《起重机　钢丝绳　保养、维护、检验和报废》（GB/T 5972—2016）为准。

对于外股为西鲁式结构且每股的钢丝数≤19 的钢丝绳（如 6×19 Seale），达到报废程度的最少可见断丝数比上述简易判断方法的断丝数相应减少，具体参见《起重机　钢丝绳　保养、维护、检验和报废》（GB/T 5972—2016）。

2. 钢丝绳直径减少报废基准

单层缠绕卷筒和钢制滑轮上的钢丝绳，直径沿长度等值减少的报废基准如下，对于纤维芯单层股钢丝绳，直径减少超过10%即报废；对于钢芯单层股钢丝绳或平行捻密实钢丝绳，直径减少超过 7.5%即报废；对于阻旋转钢丝绳，直径减少超过 5%即报废。

3. 其他报废情况

《起重机　钢丝绳　保养、维护、检验和报废》（GB/T 5972—

2016）规定，钢丝绳出现劣化模式以及严重缺陷应当及时报废更新。如图 7-7（a）～（s）所示，列出了钢丝绳 18 种典型的劣化模式（缺陷）。

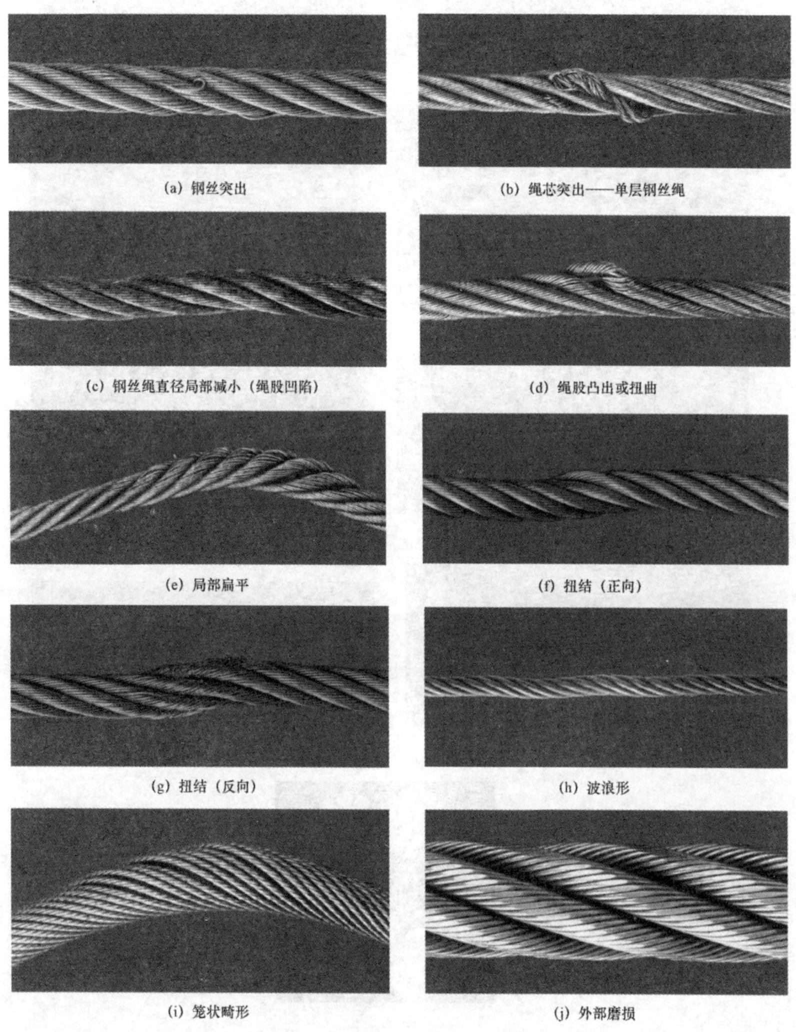

(a) 钢丝突出　(b) 绳芯突出——单层钢丝绳

(c) 钢丝绳直径局部减小（绳股凹陷）　(d) 绳股凸出或扭曲

(e) 局部扁平　(f) 扭结（正向）

(g) 扭结（反向）　(h) 波浪形

(i) 笼状畸形　(j) 外部磨损

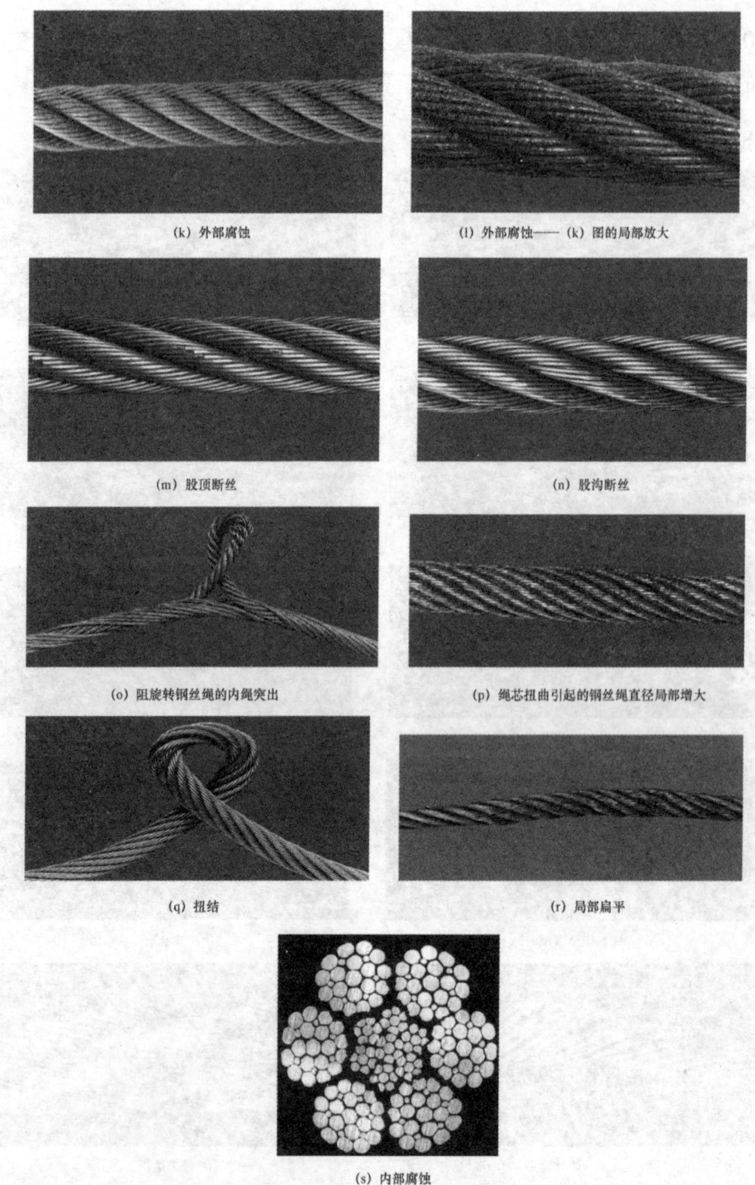

(k) 外部腐蚀

(l) 外部腐蚀——(k) 图的局部放大

(m) 股顶断丝

(n) 股沟断丝

(o) 阻旋转钢丝绳的内绳突出

(p) 绳芯扭曲引起的钢丝绳直径局部增大

(q) 扭结

(r) 局部扁平

(s) 内部腐蚀

图 7-7 钢丝绳典型的劣化模式

4. 钢丝绳报废条件

当钢丝绳出现下列情况之一即可报废：

（1）断丝数达到报废基准。

（2）直径沿长度等值减少达到报废基准；局部直径明显减少报废。

（3）钢丝绳有明显的内部腐蚀必须报废。

（4）局部外层钢丝绳伸长显“笼”状畸变必须报废。

（5）钢丝绳出现整股断裂必须报废。

（6）钢丝绳的纤维芯直径增大较严重时必须报废。

（7）钢丝绳发生扭结、弯折塑性变形、麻芯脱出、受电弧高温灼伤影响钢丝绳性能指标时必须报废。

（8）当有一股折断时，钢丝绳即可报废。

四、钢丝绳的选择

选择钢丝绳的方法分为以下 2 个步骤：

1. 钢丝绳结构形式的选择

根据钢丝绳使用的场合和要求，参考表 7-1 选择钢丝绳。

表 7-1　钢丝绳的使用场合及其结构形式

<table>
<tr><th colspan="5">使用场合</th><th>常用型号</th></tr>
<tr><td rowspan="4">起升或变幅用</td><td rowspan="3">单层卷绕</td><td rowspan="2">吊钩及抓斗起重机</td><td rowspan="2">h</td><td><20</td><td>6×31　S+FC、6×37　S+FC、6×36　W+FC、6×25　F+FC、8×25　F+FC</td></tr>
<tr><td>≥20</td><td>6×19　S+FC、6×19　W+FC、8×19　S+FC、8×19　W+FC、6　V×21+7　FC</td></tr>
<tr><td colspan="3">起升高度大的起重机</td><td>多股不扭转 18×7+FC、18×19+FC</td></tr>
<tr><td colspan="4">多层卷绕</td><td>6×19　W+IWR</td></tr>
<tr><td rowspan="2">牵引用</td><td colspan="4">无导绕系统（不绕过滑轮）</td><td>1×19、6×19+FC、6×37+FC</td></tr>
<tr><td colspan="4">有导绕系统（绕过滑轮）</td><td>与起升绳或变幅绳同</td></tr>
</table>

注：h——与机构工作级别和钢丝绳结构有关的系数，具体数值的确定见表 7-3 中的 h_1、h_2。

为了延长钢丝绳的使用寿命，在选择钢丝绳的结构形式时，《起重机设计规范》（GB/T 3811—2008）建议优先采用线接触钢丝绳。在腐蚀较大的环境采用镀锌钢丝绳。

2. 钢丝绳直径的选择

按与钢丝绳所在机构工作级别有关的安全系数选择钢丝绳直径。所选钢丝绳的破断拉力应满足式（7-1）。

$$F_0 \geqslant K \cdot S_{max} \tag{7-1}$$

式中，F_0——所选用钢丝绳的破断拉力，kN；

K——钢丝绳最小安全系数，按表 7-2 选取；

S_{max}——钢丝绳最大工作静拉力，kN。

表 7-2　安全系数 K 值

机构工作级别	安全系数 K
M1～M3	4
M4	4.5
M5	5
M6	6
M7	7
M8	8

注：1. 对于搬运物品的起重用钢丝绳，一般应按比设计工作级别高一级的工作级别选择表中的 K 值，对起升机构工作级别为 M7、M8 的某些冶金起重机，在保证一定寿命的前提下允许按低的工作级别选择，但最低安全系数不得小于 6。

2. 对缆索起重机的起升绳和牵引绳可作类似处理，但起升绳的最低安全系数不得低于 5，牵引绳的最低安全系数不得小于 4。

3. 臂架伸缩用的钢丝绳，安全系数不得小于 4。

为了保证钢丝绳具有一定的使用寿命，必须对影响其寿命的钢丝绳卷绕直径即按钢丝绳中心计算的卷筒和滑轮卷绕直径作出规定。钢丝绳的使用寿命总是随着滑轮和卷筒的卷绕直径的减小逐渐降低的。因此，卷筒、滑轮的直径与钢丝绳直径之间应有一定的比例。

根据《起重机设计规范》（GB/T 3811—2008）的规定，按钢丝绳中心计算的卷筒和滑轮的最小缠绕直径按式（7-2）计算：

$$D_{0min}=h\cdot d \tag{7-2}$$

式中，D_{0min}——按钢丝绳中心计算的滑轮和卷筒的最小卷绕直径，mm；

h——与机构工作级别和钢丝绳结构有关的系数，按表 7-3 选取；

d——钢丝绳的直径，mm。

表 7-3　系数 h

机构工作级别	卷筒 h_1	滑轮 h_2
M1～M3	14	16
M4	16	18
M5	18	20
M6	20	22.4
M7	22.4	25
M8	25	28

注：1. 采用不旋转钢丝绳时，h 值应按比机构工作级别高一级的值选取。

2. 对于流动式起重机，建议取 h_1=16 及 h_2=18，与工作级别无关。

平衡滑轮的直径，对于桥式类型起重机取值与 D_{0min} 相同；对于臂架起重机，根据结构需要，取值不小于 D_{0min} 的 0.6 倍。

从表 7-3 中可见，机构工作级别相同时，h_1 小于 h_2，这是因考虑钢丝绳在卷筒上卷绕时只弯折一次（收钢丝绳时由直变弯）。而在滑轮上绕过时一进一出要弯折 2 次。并且在多层卷绕时钢丝绳在卷筒上的弯曲半径实际已经加大。这些都是延长钢丝绳寿命的有利因素。

五、钢丝绳的使用、维护和保养

钢丝绳的使用、维护和保养得当与否，直接影响钢丝绳的使用寿命及起重作业的安全，因此正确地使用和维护保养钢丝绳是很重要的工作，下面介绍钢丝绳的正确使用和维护方法。

（1）钢丝绳的开卷。钢丝绳的出厂长度一般都是 250 m、500 m 或 1 000 m，并且总是绕成绳卷或绕在木卷筒上，在使用前必须将钢丝绳从绳卷上或卷筒上解下来。在解开钢丝绳时必须要按照正确的方法进行，不要使钢丝绳形成绳环，因为形成绳环后，很容易使钢丝绳磨损，甚至断裂，直接影响钢丝绳的使用。在把钢丝绳绕入和绕出起重机工作卷筒时同样要注意采取正确的绕法，在绕入卷筒时应让钢丝绳每圈排列紧密、整齐，绝不可有乱绕现象，以免过早损坏。

（2）钢丝绳在使用过程中必须经常检查其强度，一般至少 6 个月就要做一次强度试验。

（3）钢丝绳应该根据其使用场合恰当地选用其构造、形式，并按静力计算合理地确定钢丝绳直径。

（4）钢丝绳在使用过程中，不能超负荷使用，不应受冲击力，在捆绑或吊运重物时，注意不要使钢丝绳直接和物件的尖锐棱角相接触，在它们的接触处要垫以木板、麻片或其他衬垫物，以免物件的尖锐棱角损坏钢丝绳，特别是在运动中不要和其他物件摩擦，以免直接降低钢丝绳的寿命。

（5）钢丝绳穿绕的滑轮的边缘不应有破裂或缺陷，滑轮及卷筒的直径在条件允许的情况下尽量选较大的，尽量减少钢丝绳的过分弯曲。滑轮槽底的尺寸与材料对钢丝绳的使用寿命也有很大影响，滑轮槽底半径太大使钢丝绳与滑轮槽接触面积减少，太小又会卡紧钢丝绳，由于钢丝绳绕过滑轮时要产生横向变形，故滑轮槽底半径应稍大于钢丝绳半径，常取的滑轮槽底半径为 $R \approx (0.54\sim0.6)d$，钢丝绳直径小时 R 取大些。滑轮与卷筒的材料太硬，对钢丝绳的磨损较大。试验证明，以铸铁滑轮代替钢滑轮能提高钢丝绳寿命

10%～20%。但材料太软，滑轮及卷筒极容易磨损，而且磨损落下的粉末对钢丝绳有研磨作用，也会缩短钢丝绳的使用寿命。

（6）为了延长钢丝绳的使用寿命，在使用中尽量减少弯折次数，并且尽量避免反向弯折。因为，多次弯折会增加绳的疲劳，而反向弯折则更加剧钢丝绳的疲劳，其强度的影响较同向弯折成倍增加。

（7）在高温的物体上使用钢丝绳时必须要采取隔热措施，因为钢丝绳在受高温后强度会降低。

（8）钢丝绳在使用一段时间后，必须加润滑油，一方面，可以防止钢丝绳生锈；另一方面，钢丝绳在使用过程中，它的各股绳间或每一股中的钢丝与钢丝之间都会相互滑动产生摩擦，特别是在钢丝绳受弯时，这种摩擦更加激烈，加了润滑油后就可以减小这种摩擦。

新钢丝绳的绳芯（麻芯）在出厂前都是浸透润滑油的，当钢丝绳受力后，特别是受弯时，储存在绳芯内的润滑油一点点地被挤出，并沿着钢丝绳的缝隙渗出来，当钢丝绳使用一段时间后，绳芯内的润滑油已逐渐挤干，不能再起到润滑作用，所以使用一段时间之后，必须加润滑油。对于其他材料绳芯的钢丝绳更要注意润滑问题。

在加润滑油之前，用钢丝刷子和柴油（或煤油）把钢丝绳上黏附的泥土、铁锈和其他脏东西清除干净，然后用毛刷或棉团把润滑油涂在钢丝绳上。润滑时要将油加热到 80℃以上，使油容易渗入钢丝绳内部。润滑周期一般为 15～30 d，也可以根据具体的使用和绳的润滑情况而定。目前我国的工程起重机用钢丝绳一般要求每 400 h 必须进行一次润滑；日本起重机械对钢丝绳的润滑一般要求一个月进行一次，润滑油可选用钢丝绳油脂（如我国常用的石墨钙基润滑脂 ZG-5 等）或无水而且不含酸性或碱性的其他油脂。在使用时如找不到合适的润滑脂和润滑油液时可根据如下配方自行配制，见表 7-4。

表 7-4　钢丝绳用润滑脂和润滑油液配方

油脂	1 号	煤焦油 68%	石油沥青 10%	松香 10%	凡士林 7%	石墨 3%	石蜡 2%
	2 号	黄干油 90%	牛油 10%	—	—	—	—
油液		黄干油 90%	石油沥青 10%	—	—	—	—

（9）钢丝绳在切断时，一定要在切断处的两端先用细软钢丝把它扎紧，扎捆的距离为（3～5）*d*（*d* 为钢丝绳直径），否则钢丝绳一旦被切断，绳头就会松散开来。

（10）钢丝绳存放时，要先按上述方法把钢丝绳清理干净后上好润滑油，然后盘好，存放在干燥的地方，在钢丝绳的下面垫以木板或枕木，并且要定期进行检查，以防锈蚀。

六、钢丝绳端头的固定

为了便于与其他承载零件连接，钢丝绳端部常用的固定方法有

1. 末端捆扎

末端捆扎如图 7-8（a）所示，钢丝绳一端绕过套环后与自身编结在一起，并用细钢丝绳扎紧。捆扎长度 l=（20～25）*d*（*d* 为钢丝绳直径），但不应小于 300 mm。固定处的强度，为钢丝绳自身强度的 75%～90%。

2. 楔形套筒固定

楔形套筒固定如图 7-8（b）所示，钢丝绳一端绕过楔块，连同楔块一起放入套筒内，利用楔块在套筒内的锁紧作用，使钢丝绳与套筒固定一体。固定处的强度为钢丝绳自身强度的 75%～85%。

3. 锥形套筒灌铅固定

锥形套筒灌铅固定如图 7-8（c）所示，钢丝绳末端穿过锥形套筒后将钢丝绳松散，把钢丝绳末端弯成钩状，浇入铅或锌液，凝固后即成。固定强度与钢丝绳强度大致相等。

4. 绳卡固定

绳卡固定如图 7-8（d）所示，这种方法简单、可靠，并能预报松紧信号，因此被广泛应用。但应注意以下几方面情况：

（1）绳卡数量根据钢丝绳直径而定，但不能少于 3 个，见表 7-5。

表 7-5　钢丝绳直径与绳卡数

钢丝绳直径 *d*/mm	7～16	17～27	28～37	38～45
绳卡数	3	4	5	6

（2）绳卡底板扣在承载分支上，U 形螺栓扣在无载分支上。固定处强度为钢丝绳自身强度的 80%～90%，如果装反，则强度下降到 75%以下。

（3）最后一个绳卡前，放松无载分支，用以预报绳长松紧情况，以便及时采取措施。

（4）绳卡型号应与钢丝绳直径相对应，见表 7-6。

表 7-6　绳卡型号与对应的钢丝绳直径

绳卡型号	钢丝绳最大直径 *d*/mm	绳卡型号	钢丝绳最大直径 *d*/mm
Y1-6	6	Y8-25	25
Y2-8	8	Y9-28	28
Y3-8	10	Y10-32	32
Y4-12	12	Y11-40	40
Y5-15	15	Y12-45	45
Y6-20	20	Y13-50	50
Y7-22	22		

5. 铝合金压头固定

铝合金压头固定如图 7-8（e）所示，将钢丝绳端头拆散后分为 6 股，各股留头错开，留头最长不超过铝套长度，并切去绳芯弯转 180° 后用钎子分别插入主索中，然后套入铝套，用压力机压紧即可。此法加工工艺性好、重量轻、安装方便，一般当作起重机固定拉索用，目前在国外引进的起重机上已广泛应用。

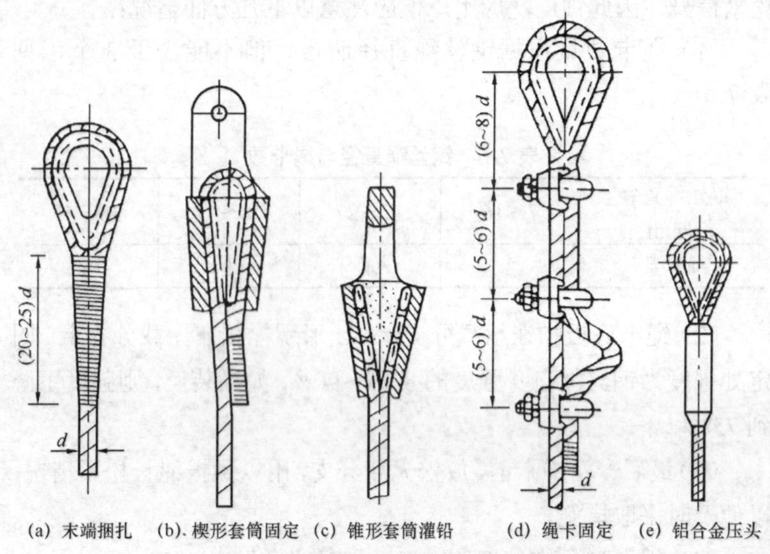

(a) 末端捆扎　(b) 楔形套筒固定　(c) 锥形套筒灌铅　(d) 绳卡固定　(e) 铝合金压头

图 7-8　钢丝绳端部的固定方法

第二节　滑轮和滑轮组

一、滑轮的构造

起重机的起升机构中，钢丝绳经常要先绕过若干滑轮，然后固接到卷筒上。滑轮是支持钢丝绳的零件，是一个圆形的轮，轮周上有防止绳索脱落的绳槽。直径小的滑轮一般做成实体的，直径较大时，在轮缘与轮缘之间做成带刚性筋的或者做成带孔的圆盘，如图 7-9 所示。滑轮活套在轴上，滑轮转动，轴不转动，滑轮和心轴间装有滚动轴承，少数的采用滑动轴承。

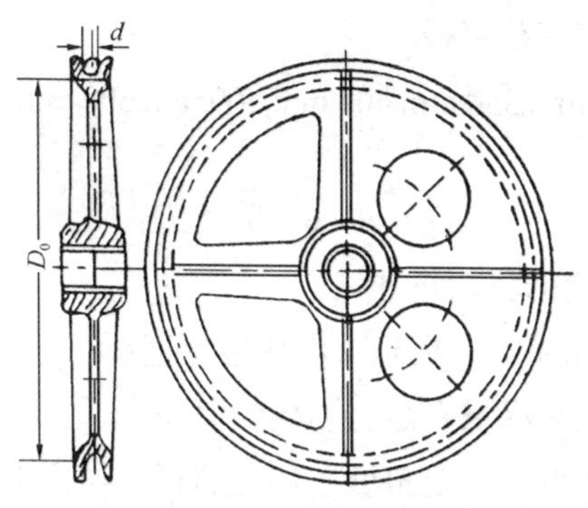

图 7-9　绳索滑轮

在轻级和中级工作级别的起重机中，滑轮可用牌号为 HT200 的灰铸铁或 QT400—10 球墨铸铁铸造；在重级以上的起重机中，滑轮用铸钢 ZG25II 或 ZG35II 制造；对于大直径（D>800 mm）的滑轮可用 Q235 钢焊接。

二、滑轮几何尺寸的确定

1. 滑轮直径 D_0

为了保证钢丝绳具有足够长的使用寿命，必须降低钢绳经过滑轮时的弯曲应力和挤压应力，因此滑轮直径不能过小，应按式（7-3）计算滑轮的最小缠绕直径，即

$$D_{0\min}= h\cdot d \quad (7\text{-}3)$$

式中，$D_{0\min}$——按钢丝绳中心计算的滑轮的最小卷绕直径，mm；

h ——与机构工作级别和钢丝绳结构有关的系数，按表 7-3 选取；

d ——钢丝绳的直径，mm。

为了简化制造工艺、降低成本、便于使用，滑轮已成为系列产品。在设计时，钢绳卷绕直径 $D_0=D+d$ 要进行圆整，尽量取下列标准值（D 为轮槽底部直径）：

D_0=250 mm,300 mm,350 mm,400 mm,500 mm,600 mm,700 mm,800 mm

均衡滑轮

$$D_j=(0.6\sim0.8)D_0$$

2. 滑轮绳槽形状和尺寸

滑轮绳槽如图 7-10 所示，绳槽应保证：

（1）钢丝绳与绳槽有足够的接触面积。

（2）钢丝绳偏斜一定角度（每度的正切约为 1/10），不脱槽，不磨边，能正常工作。

根据实践经验，绳槽半径：

$$R\approx(0.53\sim0.6)d$$

$$\alpha\approx35°\sim40°$$

若滑轮绳槽需要通过钢丝绳接头时，绳槽尺寸必须加大，如图 7-11 所示。

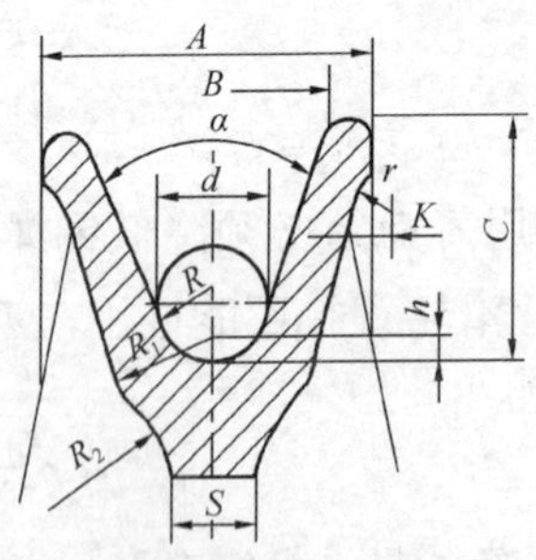

图 7-10　滑轮绳槽

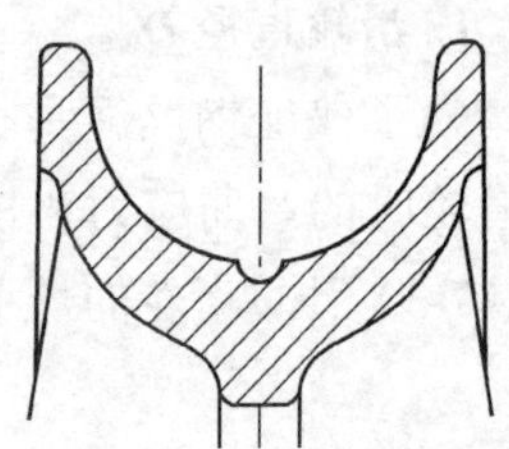

图 7-11　过接头的滑轮绳槽

3. 轮毂孔 d_1

根据强度计算确定滑轮轴径 d。选择轴承，由轴承外圈的结构尺寸决定 d_1。

三、滑轮的类型

滑轮根据其作用特点分为定滑轮和动滑轮两种。

1. 定滑轮

位置固定的滑轮称为定滑轮，如图 7-12（a）所示。定滑轮用于支持钢丝绳的运动，并改变其运动方向。这时

$$S_0=Q \tag{7-4}$$

$$L=h \tag{7-5}$$

$$v=V \tag{7-6}$$

式中，S_0——钢丝绳自由端的理论拉力（不计摩擦阻力）；

Q——被起升物品的重量；

L——钢丝绳自由端的行程；

h——物品的行程；

v——钢丝绳自由端的速度；

V——物品的速度。

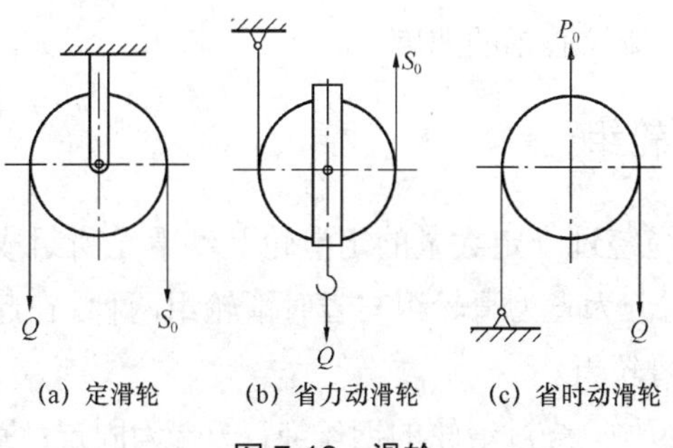

图 7-12　滑轮

2. 动滑轮

位置可以移动的滑轮称为动滑轮。动滑轮分为省力动滑轮与省时动滑轮两种。

（1）省力动滑轮。如图 7-12（b）所示，拉力作用在钢丝绳的自由端上，出端拉力为物品重量的一半，因此可用以减少钢丝绳上的拉力。

这时

$$S_0=Q/2 \tag{7-7}$$

$$L=2h \tag{7-8}$$

$$\upsilon=2V \tag{7-9}$$

（2）省时动滑轮。如图 7-12（c）所示，作用力加在滑轮的心轴上，可用以提高物品的起升速度。如用于叉车门架上和轮胎式起重机的起重臂伸缩机构中，可以达到多节伸缩臂同步伸缩的目的。

这时

$$P_0=2Q \tag{7-10}$$

$$L=\frac{h}{2} \tag{7-11}$$

$$\upsilon=\frac{V}{2} \tag{7-12}$$

式中，P_0——作用在滑轮心轴上的理论拉力；

L——滑轮心轴的行程；

υ——滑轮心轴的速度。

四、滑轮组

将钢丝绳绕过一定数量的定滑轮及动滑轮所组成的装置叫滑轮组。滑轮组分为省力滑轮组与省时滑轮组两种。在起重机械中一般只用省力滑轮组。

在滑轮组中，绕过滑轮的钢丝绳，一端为固定；另一端为自由端的叫单联滑轮组。在单联滑轮组中，按照钢丝绳自由端绕出情况分为从定滑轮绕出和从动滑轮绕出两种。

由两个并列对称单联滑轮组所组成的滑轮组叫作双联滑轮组。

1. 钢丝绳从定滑轮绕出的单联滑轮组（图 7-13）

在滑轮组中物品重量 Q 是由几段钢丝绳来承担的。钢丝绳的分担段数称为滑轮组的承载分支数。这样就减小了钢丝绳中的拉力，并使物品的上升速度降低。例如在图 7-13 中，如承载分支数为 Z，则钢丝绳自由端的出端理论拉力为

$$S_0=Q/Z=Q/a \tag{7-13}$$

式中，

$$Z=a$$

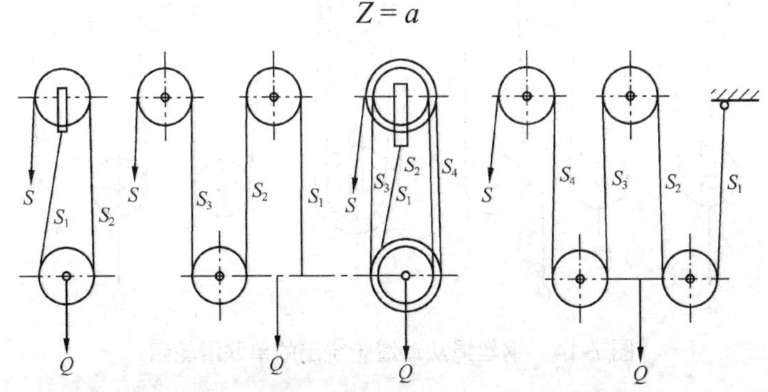

图 7-13　钢丝绳从定滑轮绕出的单联滑轮组

如果要求物品以速度 V 移动，则钢丝绳自由端应有的牵出速度为

$$v=a\cdot V \tag{7-14}$$

同理：

$$L=a\cdot h \tag{7-15}$$

式中，a——滑轮组的倍率，滑轮组的倍率也就是它的传动比，即钢丝绳自由端的速度和重量起升速度两者之比称为倍率。如图 7-13 所示，滑轮组的倍率 a，就等于悬挂物品的钢丝绳承载分支数。显然，滑轮组的倍率越大，起重物品

也越省力。因此倍率 a 是表征滑轮组的重要特性。

这种滑轮组一般用在动臂起重机中。

2. 钢丝绳从动滑轮绕出的单联滑轮组（图 7-14）

在这种滑轮组中，滑轮组倍率等于所有承载分支的数目，包括出端钢丝绳。可以用同样公式进行计算，即

钢丝绳出端拉力： $S_0=Q/a$ （7-16）

钢丝绳出端行程： $L=a\cdot h$ （7-17）

钢丝绳出端速度： $v=a\cdot V$ （7-18）

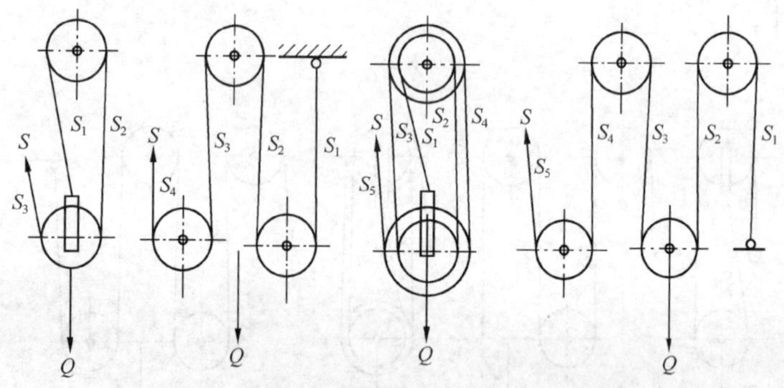

图 7-14　钢丝绳从动滑轮绕出的单联滑轮组

3. 单联滑轮组（图 7-15）

单联滑轮组的缺点是当物品升降的同时货物会产生水平位移，如图 7-15（a）所示，不容易对准放货的位置，如升降速度很快，物品常会在空中摇晃，威胁起重工的安全，使起重机操作不方便，起重量越大，起升高度越大（卷筒越长）的起重机，这个问题越严重。为了消除这种影响，在钢丝绳绕入卷筒之前，可先经过一个固定的导向滑轮，如图 7-15（b）所示。

4. 双联滑轮组（图 7-16）

双联滑轮组用于桥式类型起重机中，在建筑工程起重机中则

主要是采用带有导向滑轮的单联滑轮组。

对于双联滑轮组，倍率 a 等于承载分支数 Z 的一半，即

$$a=\frac{Z}{2} \tag{7-19}$$

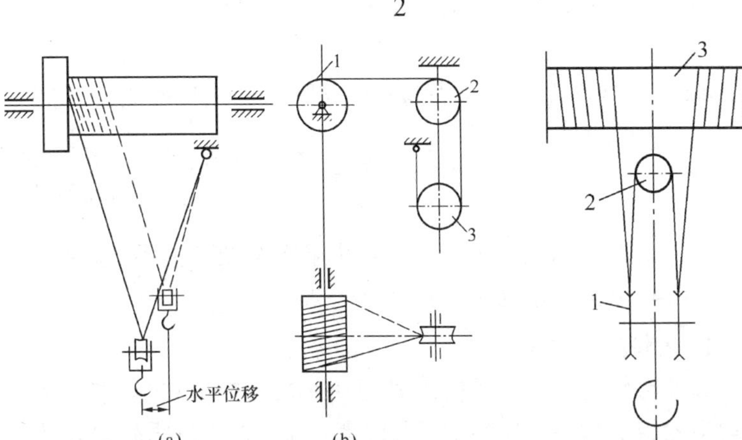

1—卷筒；2—导向滑轮；3—动滑轮。

图 7-15　单联滑轮组

1—动滑轮；2—均衡滑轮；3—卷筒。

图 7-16　双联滑轮组

五、滑轮的效率

1. 滑轮的效率

从理论上讲，加在绕过滑轮的钢丝绳两边的作用力，只是方向不同，而大小是相等的，但实际上出端拉力 S_2 除了要平衡入端拉力 S_1 外，还要克服钢丝绳绕过滑轮所产生的阻力，这种阻力是由钢丝绳的僵性和滑轮轴承上的摩擦阻力所造成的。

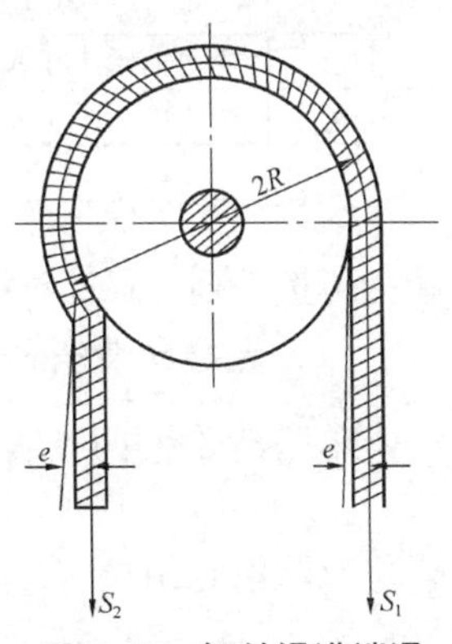

图 7-17　钢丝绳进端滑轮部位的僵性

由于钢丝绳的僵性使钢丝绳的进端不能立即沿着滑轮的圆周而弯曲，出端不能立即伸直，如图 7-17 所示，因而使进端

拉力和出端拉力对滑轮回转轴线的力臂不等，造成出端拉力大于入端拉力，其差值即为钢丝绳的僵性阻力，同时，滑轮旋转时轴承还存在摩擦阻力，钢丝绳出端拉力还由于克服轴承阻力而加大一些，这样，出端拉力总是大于入端拉力：

$$S_2 > S_1 \tag{7-20}$$

通常，钢丝绳入端拉力与实际出端拉力之比称为滑轮的效率，即

$$\eta = \frac{S_1}{S_2} \tag{7-21}$$

滑轮效率 η 的值，由实验决定，根据滑轮支承的不同，滑轮轴承 η =0.94～0.96；滚动轴承 η =0.97～0.98。

2. 滑轮组的效率

累计滑轮组中各个滑轮摩擦阻力和钢丝绳僵性的影响，即可求得滑轮组的效率。现将钢绳从动滑轮绕出的单联滑轮组以及双联滑轮组的效率列于表 7-7 中，供计算时选用。

表 7-7　滑轮组效率 η_z

滑轮效率	轴承	倍率 a						
		2	3	4	5	6	7	8
0.98	滚动轴承	0.99	0.98	0.97	0.96	0.95	0.945	0.935
0.96	滑动轴承	0.98	0.96	0.94	0.92	0.905	0.89	0.87

这样，当考虑滑轮组的效率后，滑轮组中钢丝绳实际出端最大拉力可按下列公式计算：

（1）无导向滑轮时。

单联滑轮组：
$$S_{\max} = \frac{Q}{a \cdot \eta_z} \tag{7-22}$$

双联滑轮组
$$S_{\max} = \frac{Q}{2 \cdot a \cdot \eta_z} \tag{7-23}$$

（2）有导向滑轮时。

单联滑轮组：
$$S_{\max} = \frac{Q}{a \cdot \eta_z \cdot \eta_d^n} \quad (7\text{-}24)$$

双联滑轮组：
$$S_{\max} = \frac{Q}{2 \cdot a \cdot \eta_z \cdot \eta_d^n} \quad (7\text{-}25)$$

式中，Q ——起升货物的重量（包括取物装置重量）；

a ——滑轮组的倍率；

η_z——滑轮组的效率，由表 7-7 选取；

η_d ——导向滑轮的效率，由滑轮组的动滑轮引上卷筒的钢丝绳分支中间经过的滑轮为导向滑轮，其效率等于滑轮效率 η ；

n ——导向滑轮的个数。

六、滑轮的报废

根据《起重机安全规程　第 1 部分：总则》（GB 6067.1—2010）及《塔式起重机安全规程》（GB 5144—2006）的规定，滑轮出现下述情况之一时，应报废：

（1）影响性能的表面缺陷（如裂纹或轮缘破损等）。

（2）轮槽不均匀磨损达 3 mm。

（3）滑轮槽壁厚磨损达原壁厚的 20%。

（4）滑轮槽底部磨损量超过相应钢丝绳直径的 25%。

第三节　卷筒

一、卷筒的构造

卷筒的作用是卷绕、收存钢丝绳，以便把原动机的回转运动变为直线运动，并把原动机的驱动力传递给钢丝绳，用以起吊货物。

卷筒一般是中空的圆柱体，多用不低于 HT200 的铸铁铸成，只有在工作比较繁重的情况下应用铸钢卷筒（ZG25、ZG35），此外也有用钢板焊成的卷筒，但用得很少。

钢丝绳在卷筒上卷绕的层数可以是单层的或多层的。在多层卷绕时，内层的钢丝绳要受到外层钢丝绳的挤压，而在卷绕过程中互相摩擦，从而加速钢丝绳的磨损。此外，由于卷绕层数的增加，必然使卷筒的计算直径增加，这时如果钢丝绳中的拉力不变，则卷筒轴所受的载重力矩就会发生变化，使得机构工作不稳定。因此，只有在绕绳量很大，或卷筒地位很窄时才采用，例如工程起重机中随着起升高度的增大，起升机构中卷筒的绕绳量相应增加，这时采用尺寸较小的多层卷绕卷筒对于减小机构尺寸是很有利的。多层卷绕卷筒的表面一般做成光面的，也可做成螺旋绳槽的。卷筒两端必须有侧板以防止钢丝绳脱出。卷筒两侧边缘的高度应超过钢丝绳卷绕的最外层，超过的高度应不小于钢丝绳直径的 2.5 倍，如图 7-18 所示。

单层卷绕卷筒表面通常切有螺旋形绳槽，如图 7-19 所示。有了绳槽，钢丝绳与卷筒的接触面积增加，可以减少它们之间的接触应力，同时也消除了钢丝绳间在卷绕过程中可能发生的摩擦，从而延长了钢丝绳的使用期限。绳槽的尺寸已有标准，可参阅有关手册。

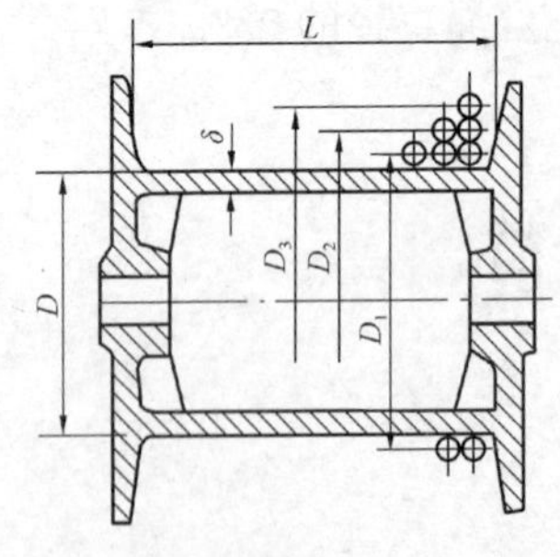

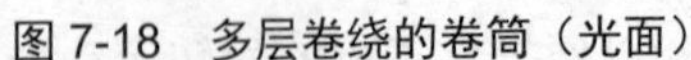
图 7-18　多层卷绕的卷筒（光面）

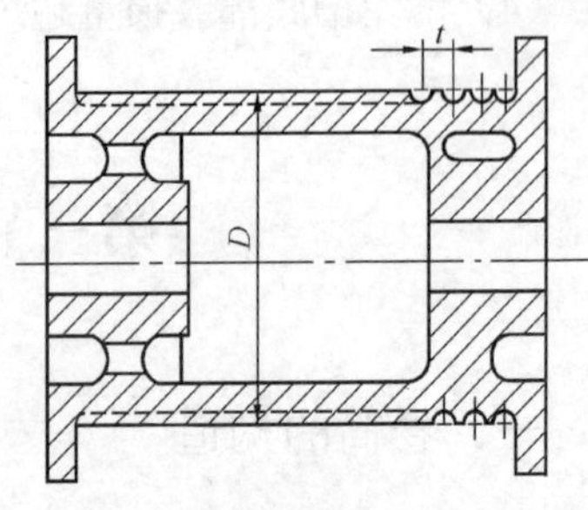

图 7-19　单层卷绕的卷筒（切有螺旋槽）

机构工作时，钢丝绳绕上卷筒的偏斜角度太大，在光面卷筒上，会使卷绕的钢丝绳生疏密不匀或叠绕现象，在螺旋槽卷筒上会有使钢丝绳与卷筒槽擦甚至有从槽中脱出的危险。因此，对钢丝绳的偏斜角度要有一定限

钢丝绳绕进或绕出滑轮槽时偏斜最大角度（钢丝绳中心线和与滑轮轴垂直的平面之间的角度），依据《塔式起重机》（GB/T 5031—2019）不大于 4°，如图 7-20 所示。

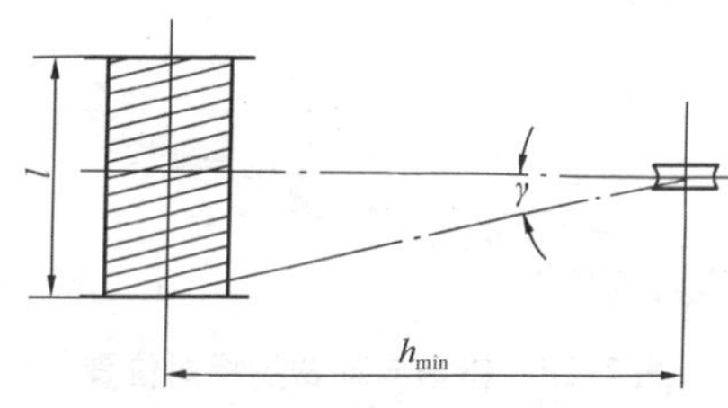

图 7-20　钢丝绳的偏斜角度

钢丝绳绕进或绕出卷筒时钢丝绳偏离螺旋槽两侧的角度不大于 3.5°。

对于动臂变幅塔式起重机，钢丝绳偏离与卷筒轴垂直平面的角度不大于 1.5°。

对于光面卷筒和多层卷绕卷筒，钢丝绳偏离与卷筒轴垂直的平面的角度不大于 2°。

为了使钢丝绳在卷筒上排列整齐，多层绕卷筒可采用排绳器，钢丝绳易掉槽的单层绕卷筒，可使用压绳器。多层绕卷筒使用压绳器，也能使钢丝绳在卷筒上整齐排列。

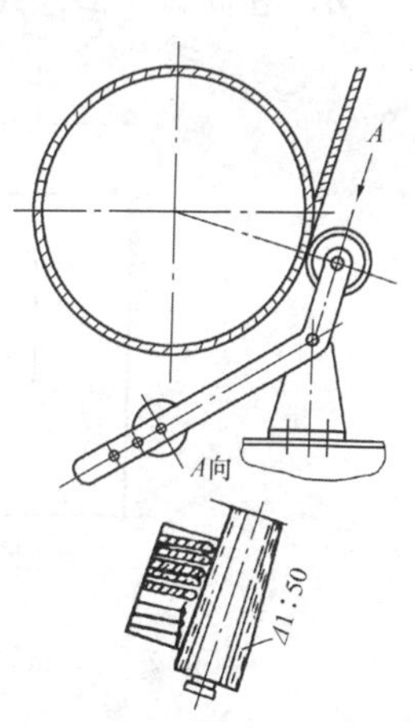

图 7-21　锥滚压绳器

图 7-21 为常用的锥滚压绳器。辊子的锥度视卷筒相对于起重臂中线的位置而定，

一般为1∶50，卷筒偏离起重臂中线时，[illegible]大头放在卷筒靠近起重臂中线的一端，如图 7-22 所示。

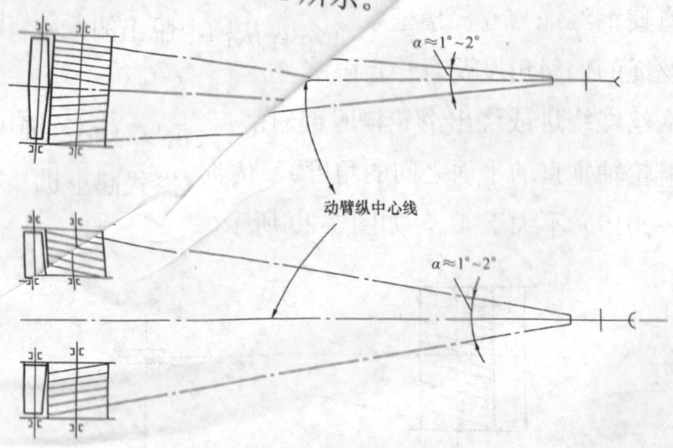

图 7-22　锥滚与动臂的相对位置

图 7-23 为螺旋排绳器，卷筒轴上装有主动链轮，通过链条和被动链轮带动螺杆旋转，使带有钢丝绳导向滚的螺母沿螺杆轴向移动，卷筒转一圈，螺母移动一个节距。

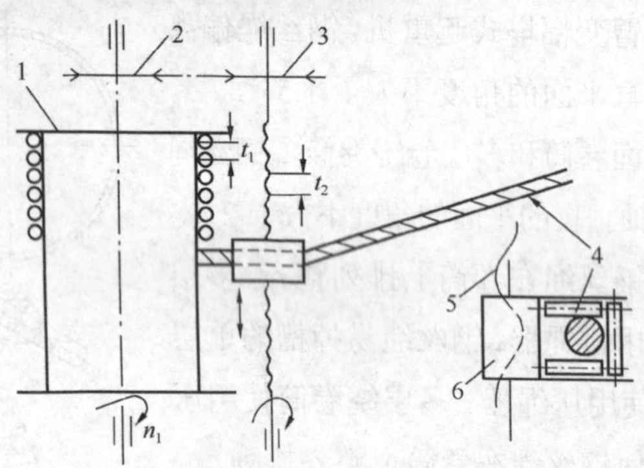

1—卷筒；2—主动链轮；3—被动链轮；4—钢丝绳；5—双向螺杆；6—螺母。

图 7-23　螺旋排绳器

二、卷筒的直径

卷筒的直径可按式（7-4）（$D_{0min}=h\cdot d$）和表 7-3 确定。卷筒直径确定后，应按卷筒系列最后圆整为下列数值：300 mm、400 mm、500 mm、650 mm、700 mm、800 mm、900 mm、1 000 mm……

三、钢丝绳在卷筒上的固定方法

钢丝绳的尾端必须可靠地固定在卷筒上，并保证安全可靠，便于检查和更换钢丝绳。在固定处不应使钢丝绳过分弯折。固定方法很多，在多层卷绕中常见的有楔块固定法，如图 7-24（a）所示，以及压板固定法，如图 7-24（b）所示。

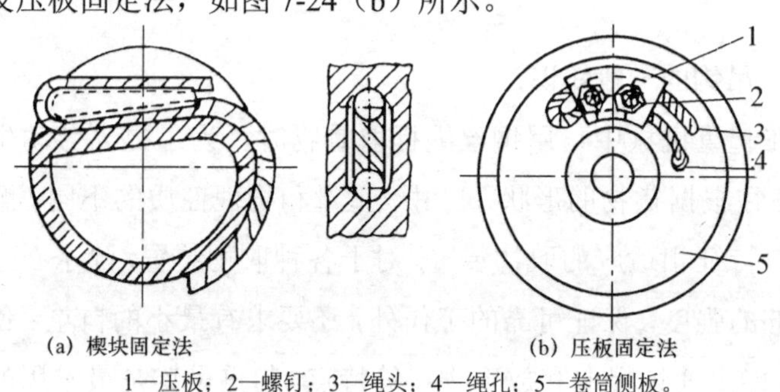

(a) 楔块固定法　　(b) 压板固定法

1—压板；2—螺钉；3—绳头；4—绳孔；5—卷筒侧板。

图 7-24　钢丝绳在卷筒上的固定

楔块固定是将钢丝绳绕在楔块上打入卷筒特制的楔孔内固定。楔形块的斜度一般为 1/4～1/5，以满足自锁条件。

压板固定是将钢丝绳端穿过卷筒侧板后用螺钉、压板固定在卷筒端面上；压板上刻有梯形的或圆形的槽。对于各种最大工作拉力下相应的钢丝绳所采用的螺钉及压板，已有标准，可查阅有关手册，此法构造简单，更换方便，又便于检查，目前在多层卷绕中用得较多。

四、卷筒的报废

卷筒出现下述情况之一时，应报废：

（1）出现影响性能的表面缺陷（如裂纹或轮缘破损等）。

（2）卷筒壁厚磨损量达原壁厚的 10%。

第四节　吊钩与卡环

一、吊钩

1. 吊钩的一般知识

在起重机械中，用钢丝绳提取重物时，为了提高劳动生产率，往往根据货物的形状、尺寸、重量和物理性质的不同，配备与物料特征相适应的取物装置。对于各种取物装置，除了必须具有足够的强度，保证可靠的工作外，还要求有最小的自重、使用简便、能迅速地提取和放下物料等特点。起重吊钩是最常用的一种取物装置，它不仅能直接悬挂载荷，同时也常用作其他取物装置的挂架，吊钩可用来提取任何种类的成件物料。所以它是起重机上的一种通用部件。起重吊钩有单钩和双钩 2 种类型，单钩应用广泛，当吊运较重或体形较大的物品时，为使绳索绑扎更方便，可用双钩提取。

吊钩在提取重物过程中受力大且受冲击载荷，要求必须安全可靠，因此吊钩大都采用软钢锻造而成，锻造后还要经过退火处理并去鳞片，表面应光洁，不许有毛刺伤疤、裂纹等，也不许用焊接方法对裂缝等缺陷进行填补。成品吊钩都应当有制造厂的厂牌、载重能力的印记和合格证书。吊钩制成后应做超重25%进行 10 min 以上的强度试验，钩上不得有变形及裂口。使用前应注意查看，使用过程中也应定期进行检查。

图 7-25 为起重吊钩的基本构造，可分为直杆和曲杆部分。前者为钩顶，是圆截面的，顶端有螺纹供装配螺母之用，后者为钩体，因从受力和制造等方面考虑，目前用得最多的是圆角梯形截面的钩体。梯形大端在内缘，小端在外缘，使其内外端强度接近相等，材料得以合理利用。

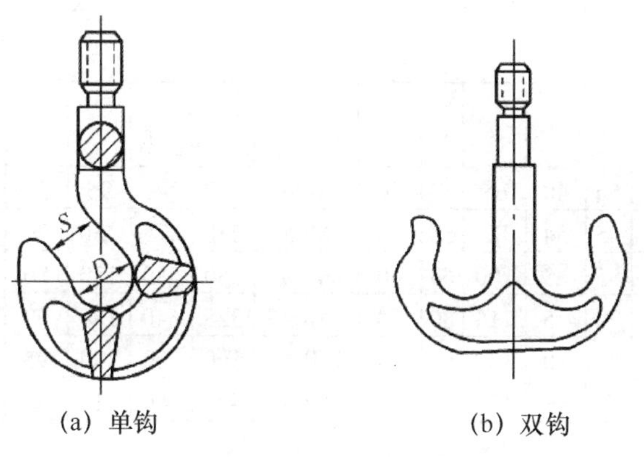

(a) 单钩　　(b) 双钩

图 7-25　起重吊钩

钩子的开口尺寸 S 与内缘尺寸 D 应保证足够放置两根绑扎绳，并能正常工作，不致使绳滑出。锻造单钩现在已经规格化，使用时可根据需要按额定起重量和工作级别选取适当尺寸的吊钩，见表 7-8。必要时可将吊钩视为曲梁进行强度计算。

表 7-8 单钩尺寸（梯形截面） 单位：mm

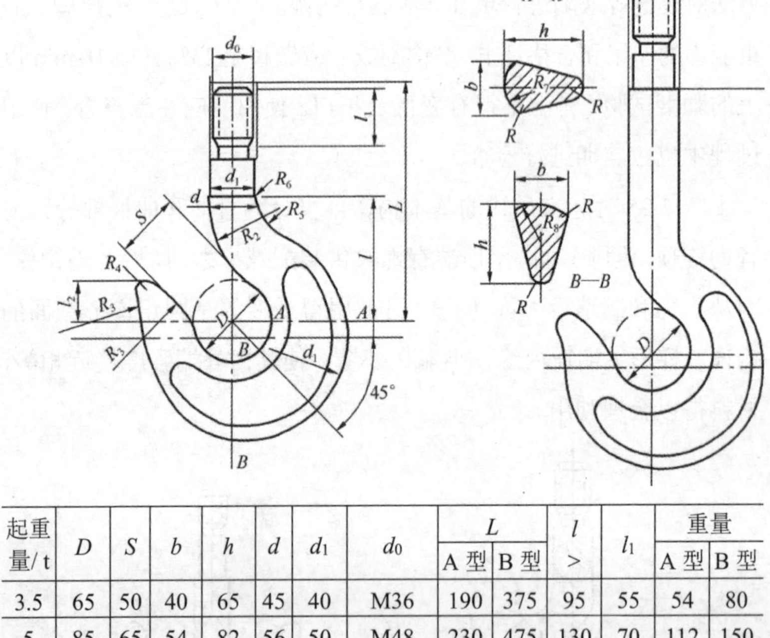

起重量/ t	D	S	b	h	d	d_1	d_0	L		l >	l_1	重量	
								A 型	B 型			A 型	B 型
3.5	65	50	40	65	45	40	M36	190	375	95	55	54	80
5	85	65	54	82	56	50	M48	230	475	130	70	112	150
8	110	85	65	100	68	60	M56	280	580	150	80	231	300
10	120	90	75	115	80	70	M64	325	640	180	90	300	400
12.5	130	100	80	130	85	75	T70×4	360	700	190	95	400	520
16	150	120	90	150	95	80	T80×4	420	760	210	100	550	700

为了把吊钩悬挂到起升机构的起重挠性件上，通常采用夹套作为吊钩的悬挂装置。图 7-26 为标准吊钩装置的结构。

在起重工作过程中，常常要求吊钩能方便地围绕着垂直的轴线转动，以便挂上所需起吊的物品。所以吊钩的尾部螺栓穿过横梁，并经过螺帽下的止推滚动轴承而悬挂在滑轮夹下端的横梁上。横梁与夹套的两个夹板固结，夹板上方的枢轴通过轴承与滑轮组相连，滑轮可以在枢轴上自由转动。钢丝绳绕过滑轮槽后吊起整个滑轮架，这样，由于钢绳的收紧或放松就可以使吊钩吊起荷载升降，而且可以使吊钩自由转动，不会使钢丝绳产生绞扭现象。在滑轮下端有防护罩防止装在动滑轮中的钢丝绳脱槽。

吊钩滑轮架的尺寸已标准化，可从起重机手册中查取。

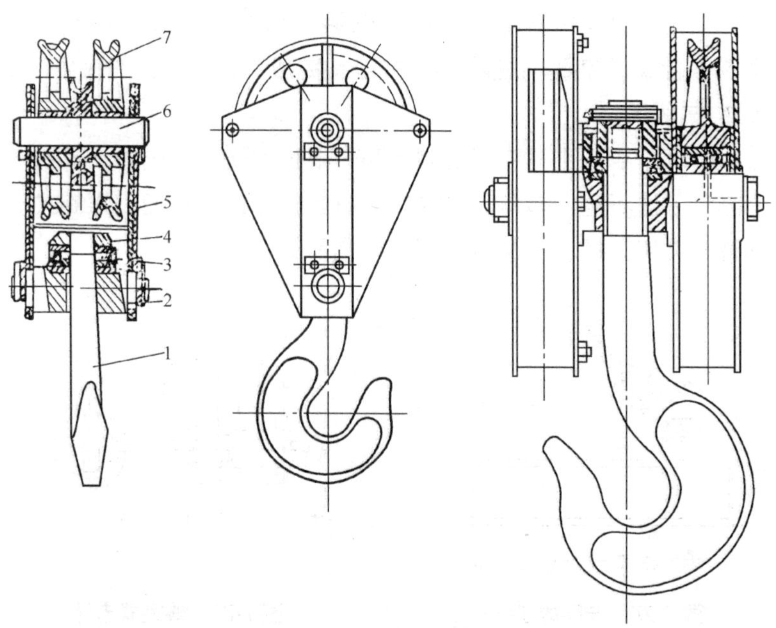

1—起重钩；2—横梁；3—止推轴承；4—螺母；5—夹套；6—心轴；7–绳轮。

图 7-26　起重吊钩装置

2. 吊钩的报废

吊钩出现下列情况之一时，应报废：

①用 20 倍放大镜观察表面有裂纹。

②吊钩与索具接触面磨损或腐蚀，达原尺寸的 10%。

③钩尾和螺纹部分等危险截面积钩筋有永久变形。

④心轴磨损量超过其直径的 5%。

⑤吊钩开口度比原尺寸增加 15%。

⑥钩身的扭转角超过 10°。

二、卡环

卡环是钢丝绳的连接零件，在吊装工作中，用它来与钢丝绳或吊具卡合成或卸离，它能快速、安全地完成装载和卸装的任务，如图 7-27 所示。

卡环是由一个马蹄形的钢环和一根止动横销组成的。根据横销固定方法不同，卡环可分为销子式和螺旋式两种，而以螺旋式卡环最为常用。螺旋式卡环如图 7-28 所示。

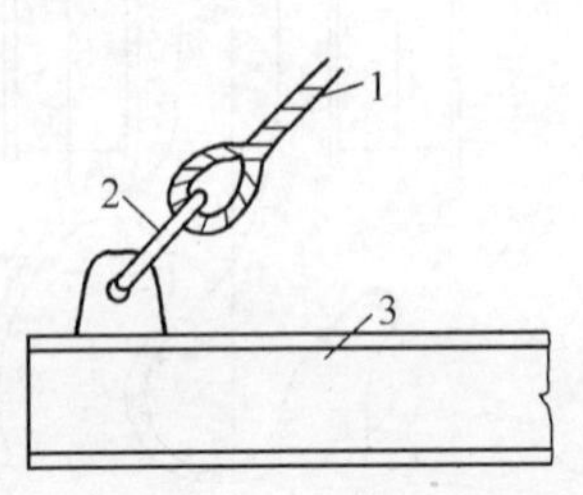

1—千斤索；2—卡环；3—吊梁。

图 7-27 卡环的应用

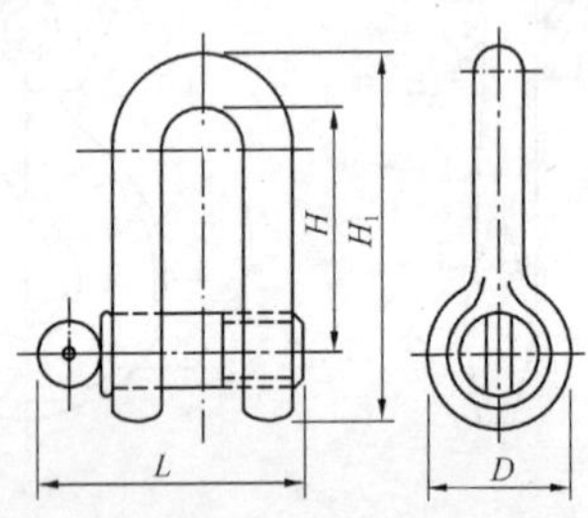

图 7-28 螺旋式卡环

卡环由 40 号、50 号钢材锻制而成，在完成销孔及螺纹的加工后均进行热镀锌处理。

卡环是标准件，可从起重手册中查取。

第五节 制动器

为保证起重机工作的安全和可靠，在起升机构中必须装设制动器，而在其他机构中视工作要求也要装设制动器。如起升机构中的制动器使重物的升降运动停止并使重物保持在空中，或者用制动器来调节重物的下降速度。而在回转和行走机构中则可用制动器以保证在一定行程内停住机构。归纳起来，制动器的主要作用如下：

（1）支持制动，当重物的起升和下降动作完毕后，使重物保持不动。

（2）停止制动，消耗运动部分的功能，使其减速直至停止。

（3）下降制动，消耗下降重物的位能以调节重物下降速度。

制动器按其工作状态可分为常闭式、常开式和综合式。

常闭式制动器经常处于上闸状态，机构工作时，借外力使制动器松闸。

常开式制动器经常处于松闸状态，当需要制动时借外力使制动器上闸制动。

综合式制动器在起重机通电工作过程中为常开，可通过操纵系统随意进行制动，起重机不工作时，切断电源，制动器上闸成为常闭状态。

在起升和变幅机构中均应采用常闭式制动器以保证工作安全可靠。而回转和行走机构中则多采用常开式或综合式制动器以达到工作平稳。

制动器按其构造形式可分为带式制动器、块式制动器等。

带式制动器结构简单、紧凑，制动力矩较大，可以安装在低速轴上并使起重机的机构布置得很紧凑，在轮胎式起重机中应用较多。其缺点是制动时制动轮轴上产生较大的弯曲载荷，制动带磨损不均匀。

块式制动器构造简单，工作可靠，两个对称的瓦块磨损均匀，制动力矩大小与旋转方向无关，制动轮轴不受弯曲作用。但制动力矩较小，宜安装在高速轴上，与带式相比构造尺寸较大。在电动的起重机械，特别是塔式起重机中应用较普遍。

下面重点介绍块式制动器的结构类型、工作原理和有关计算方法。

一、块式制动器的工作原理

块式制动器已有系列产品，并有多种类型可供选用。如 JWZ 型短行程交流电磁铁块式制动器；JCZ 型长行程交流电磁铁块式制动器；YWZ 型液压推杆块式制动器；YDWZ 型液压电磁块式制动器等。

现以短行程交流电磁铁块式制动器的构造简图来说明其工作原理。如图 7-29 所示，图中直径为 D 的圆周表示与机构传动轴相联系的制动轮，制动瓦块 2 与制动臂 1 铰接相连，主弹簧 4 用来产生制动力矩。主弹簧右端顶在框架 6 上，框架 6 与左制动臂固接在一起。推杆 6 与右制动臂联系在一起。上闸制动时，主弹簧的压力左推推杆 5、右推框架 6，从而带动左右制动臂及其瓦块压向制动轮，实现制动。当机构工作时，机构电动机通电，与电动机相连的电磁铁 7 也通电而产生磁力，磁铁吸引衔铁 8 绕铰点做反时针转动，并压迫推杆向右移动，使主弹簧进一步压缩，这时在副弹簧及电磁铁自重偏心的作用下，左右制动臂张开，制动器松闸。一旦发生事故，电机断电，制动器也立即上闸，这是一种常闭式的制动器。这种短行程制动器的松闸装置（电磁铁）直接装在制动臂上，使制动器结构紧凑，制动快。但由于电磁铁尺寸限制，其制动力矩较小（制动轮直径一般不大于 300 mm），并且在工作时冲击及响声较大。

图 7-30 为液压电磁推杆块式制动器，这是一种长行程块式制动

器，它采用弹簧上闸，而松闸装置液压电磁推杆则布置在制动器的旁侧，通过杠杆系统与制动臂联系而实现松闸。

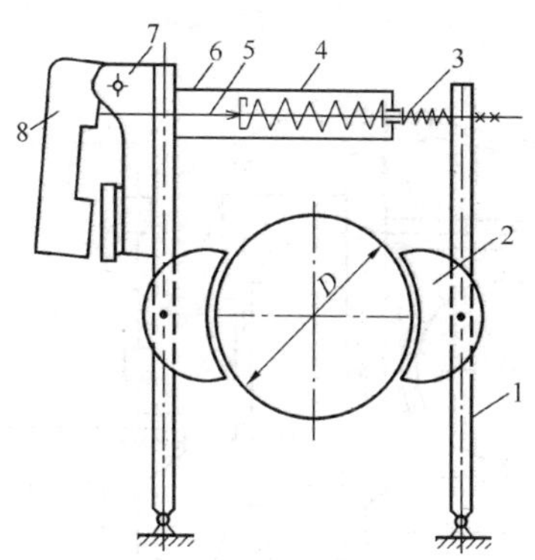

1—制动臂；2—制动瓦块；3—副弹簧；4—主弹簧；5—推杆；6—框架；7—电磁铁；8—衔铁。

图 7-29　短行程交流电磁铁块式制动器

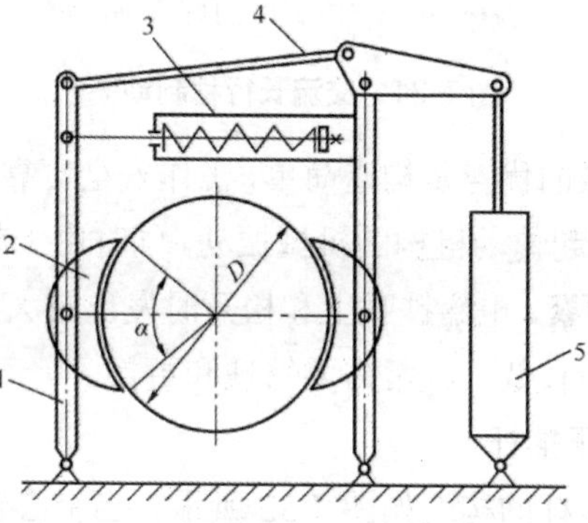

1—制动臂；2—制动瓦块；3—上闸弹簧；4—杠杆；5—液压电磁推杆松闸器。

图 7-30　液压电磁块式制动器

二、块式制动器的松闸装置

1. 制动电磁铁

制动电磁铁根据激磁电流的种类分为直流电磁铁和交流电磁

铁，使用时分别与直流电机或交流电机配套。

根据行程的大小，制动电磁铁有长程与短程之分，交流长行程制动器如图 7-31 所示。

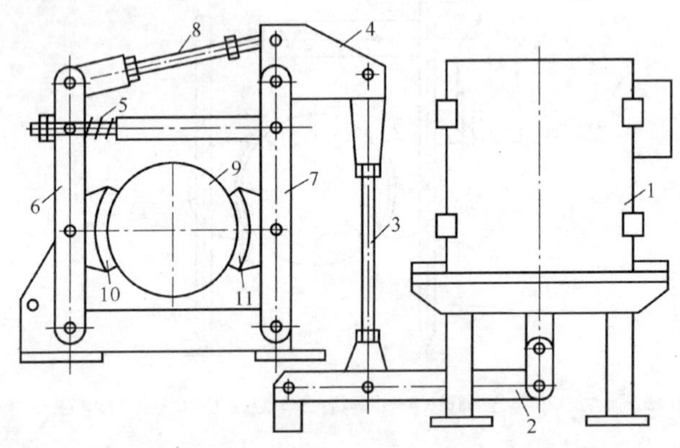

1—松闸电磁铁；2—杠杆；3—拉杆；4—三角形钢板；5—弹簧；6、7—制动臂；8—拉杆；9—制动轮；10、11—制动瓦块。

图 7-31　交流长行程制动器

制动电磁铁的优点是构造简单，工作安全可靠。但在动作时产生猛烈冲击，引起传动机构的机械振动。同时由于起重机机构的启动，制动次数频繁，电磁铁吸上和松开时发出较大的撞击响声。电磁铁的使用寿命较低，经常需要修理和更换。

2. 电动液压推杆

电动液压推杆的构造如图 7-32 所示。当空心轴电动机 2 通电转动时，离心泵叶轮 8 将油缸 6 上部的油吸入，送至油缸下部的压力油腔 10，所产生的压力推动活塞 9，则推杆 3 及连接头 1 向上运动，进行松闸动作。断电时，在上闸弹簧及活塞自重的作用下使推杆向下运动，进行上闸动作。

电动液压推杆的优点是动作平衡，噪声小，并可与电动机联合进行调速。《起重机设计规范》（GB/T 3811—2008）推荐，对交流传动系统，运动机构、起升机构宜采用液压推杆制动器，在接电持续率低（*JC* 值不大于 25%），每小时通电次数较少（不大于 300/h），以及制动力矩小的情况下，允许采用单相短行程制动电磁铁。

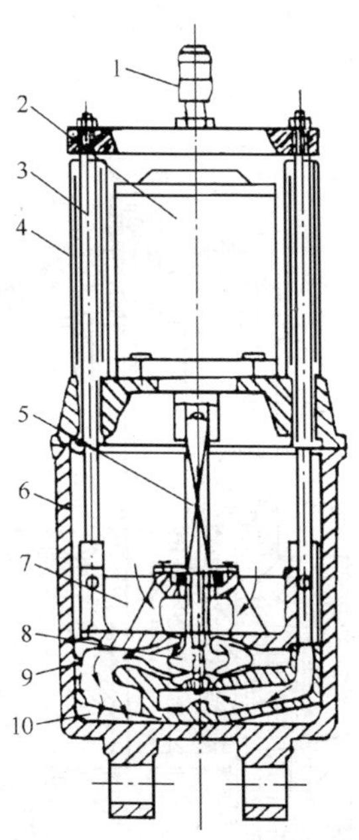

1—连接头；2—空心轴电动机；3—推杆；4—防尘管；5—方轴；
6—油缸；7—活塞盖；8—叶轮；9—活塞；10—压力油腔。

图 7-32　电动液压推杆

3. 液压电磁推杆

液压电磁推杆具有电磁铁及电动液压推杆两者的优点，动作迅速平稳，无噪声，寿命长，并能自动补偿由于制动片磨损而出现的空行程，其构造如图 7-33 所示。在动铁芯 3 与静铁芯 9 之间形成工作间隙，工作油可经通道由单向齿形阀 16、17 进入工作间隙。当线圈通电后，动铁芯 3 被静铁芯 9 吸起向上运动，工作腔内压力增高，齿形阀片关闭通道，工作油则推动活塞杆 12 及推杆 5 向上运动，制动器松闸。当线圈断电后，电磁力消失，制动器主弹簧迫使推杆及动铁芯一起下降，制动器上闸。随着工作中制动片的不断磨损，活塞推杆上闸时最终静止位置也将下移一段微小的距离，这段距离称补偿行程。这时由于活塞下移而排出的油，是在每次上闸时当动铁芯被释放落下后通过底部单向阀流出的。

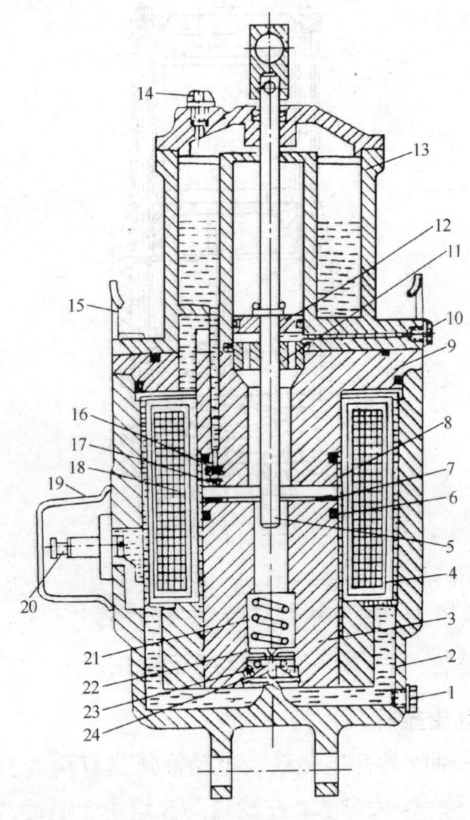

1—放油螺塞；2—底座；3—动铁芯；4—绝缘圈；5—推杆；6—密封环；7—垫；8—引导套；9—静铁芯；10—放气螺塞；11—轴承；12—活塞；13—油缸；14—注油螺塞；15—吊耳；16—齿形阀片；17—齿形阀；18—线圈；19—接线盖；20—接线柱；21—弹簧；22—带孔弹簧座；23—下阀片；24—下阀体。

图 7-33　液压电磁推杆

这种制动装置采用直流电源，用于交流电源时必须配备整流设备。目前生产厂已有配套的硅整流器供使用。

三、块式制动器的选择

块式制动器的性能、规格和尺寸已有标准，根据机构所需的制动力矩，选择标准制动器。如果制动器的额定制动力矩与实际需要值不一致时，可通过计算和实测，调整制动弹簧的压缩量，获得需要的制动力矩。

表 7-9 为短行程交流电磁铁块式制动器的主要性能。

表 7-9　短行程交流电磁铁块式制动器的主要性能

制动器型号	制动轮直径/mm	制动力矩 M_B/（N·m）		电磁铁力矩 $M_{磁}$/（N·m）		制动瓦块退距 ε/mm 正常/最大	衔铁转角 $\varphi_{铁}$/度	电磁铁型号
		JC%=25～40	*JC*%=100	*JC*%=25～40	*JC*%=100			
JWZ-100	100	20	10	5.5	3	0.4/0.6	75	MZD-100
JWZ-200/100	200	40	20	5.5	3			
JWZ-200	200	100	80	40	20	0.5/0.8		MZD-200
JWZ-300/200	300	240	120	40	20			
JWZ-300	300	500	200	100	40	0.7/1	5.5	MZD-300

注：J——交流；

W——瓦块；

Z——制动器。

制动器型号短横线后的整数表示制动轮直径，分数值中的分子表示制动轮直径，分母表示电磁铁型号。

四、块式制动器的调整

为使制动器的工作安全可靠，必须对制动器进行经常的检查和调整。

1. 短行程交流电磁铁块式制动器调整

（1）制动力矩的大小（主弹簧的长度）。制动力矩是由主弹簧产生的，所以主弹簧在上闸时被压缩的长度就决定了制动器所能发出的制动力矩的大小，为了得到需要的制动力矩，调整主弹簧的压缩长度即可获得。如图 7-34 所示，具体的调整方式是首先夹紧推杆的外端四方头，旋松张臂螺母 10 和锁紧螺母 9，然后再旋动调整螺母 8（也可以旋紧调整螺母 8，旋动推杆的四方头），使主弹簧被压缩在框架板上的刻线范围内，弹簧伸长，制动力减小；弹簧缩短，制动力增大。调整好之后，把锁紧螺母 9 和张臂螺母分别旋回并锁紧，以防止松动，制动力矩调整数值见表 7-10。

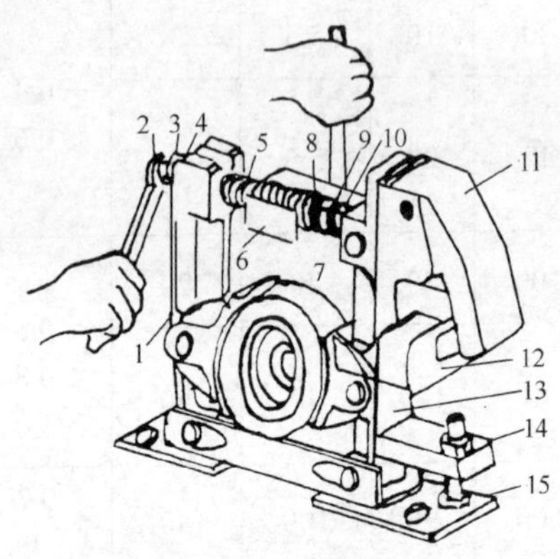

1—左制动臂；2—推杆；3—锁紧螺母；4—调整螺母；5—辅助螺母；6—锁紧螺母；7—主弹簧；8—调整螺母；9—锁紧螺母；10—张臂螺母；11—衔铁；12—电磁铁线圈铁芯；13—右制动臂；14-锁紧螺母；15-调整螺钉。

图 7-34　短行程交流电磁铁瓦块制动器的调整

表 7-10　短行程交流电磁铁瓦块制动器的制动力矩有关数据

型号	L（最小）
JWZ—100	52
JWZ—$\frac{200}{100}$	138
JWZ—200	115

（2）衔铁行程的长短。随着制动瓦块（衬垫）和铰链的磨损，衔铁行程逐渐增大，当行程过大时，会产生以下两个弊端：一是电磁铁吸力减小，松不开闸；二是通过线圈的电流增大，线圈发热，可能烧坏线圈。因此，必须经常检查衔铁行程是否适当，如果不适当，应及时调整。

调整时，如图 7-34 所示，首先旋松锁紧螺母 3，然后夹紧调整螺母 4，并转动推杆的四方头，使推杆前进或后退。前进时顶起衔铁，行程增大，延长制动时间；后退时衔铁下落，行程减小，缩短了制动时间。要用量具量衔铁的行程，当行程调整到符合表 7-11 中的数值，然后将螺母 3 旋紧。

表 7-11　电磁铁允许行程

电磁铁型号	MZD—100	MZD—200	MZD—300
行程/mm	3	3.8	4.4

（3）制动瓦块片与制动轮之间的间隙大小。制动瓦块片与制动轮之间的间隙，是指松闸时制动瓦块从轮上脱开的移动量。其大小决定着制动器动作的快与慢。间隙小，虽然制动快，但制动瓦块与制动轮之间容易发生脱开时的半联动现象，使制动瓦块片（衬垫）加快磨损，制动轮温度升高，消耗动力，增大振动。间隙过大，衔铁行程增大，电磁铁吸力减小，上闸动作慢，易产生制动时的半联动现象。使制动轮与制动瓦块片迅速磨损，同时温度也随之增高，

产生制动瓦块片冒烟、制动轮变色及线圈发热等。因此，制动瓦块片与制动轮的间隙必须经常调整。调整时，如图 7-34 所示，首先，将张臂螺母旋松并使其紧靠制动臂，然后夹紧不动，再用另一扳手旋动推杆的四方头，使左右制动臂向外张开，直到衔铁碰到电磁铁的线圈铁芯 12 为止。其次，再旋动调整螺钉 15，使左右制动臂张开间隙符合技术规定。再用锁紧螺母 14 锁紧调整螺钉。最后，再将张臂螺母旋回来，使之仍然紧贴锁螺母 3。

长行程交流电磁铁块式制动器的调整内容与上述的一样，也是三项，操作过程大致相同。长行程交流电磁铁块式制动器瓦块与制动轮间的允许间隙（单列）见表 7-12。

表 7-12　长行程交流电磁铁块式制动器瓦块与制动轮间的允许间隙（单例）

制动轮直径/mm	200	300	400	500	600
间隙/mm	0.7	0.7	0.8	0.8	0.8

液压电磁铁块式制动器的调整与电力液压推杆块式制动器的调整方法基本相同。下面主要介绍液压电磁铁块式制动器的调整方法。

2. 液压电磁铁块式制动器调整

（1）制动力矩调整如图 7-35 所示。在这类制动器的闸架上，都打有主弹簧调整长度的标记，调整时，旋转拉杆 7，使弹簧 5 压缩至套板 4 上两条刻线之间，即为所需之额定力矩。

（2）瓦块与制动轮的间隙调整。调整自动补偿器 13 和 8，保证两制动瓦块之打开间隙相等。当制动瓦块在工作中逐渐磨损时，依靠自动补偿的作用，仍然保证打开间隙不变。

五、制动器的报废

制动器零件出现下述情况之一时，其零件应更换或制动器报废：

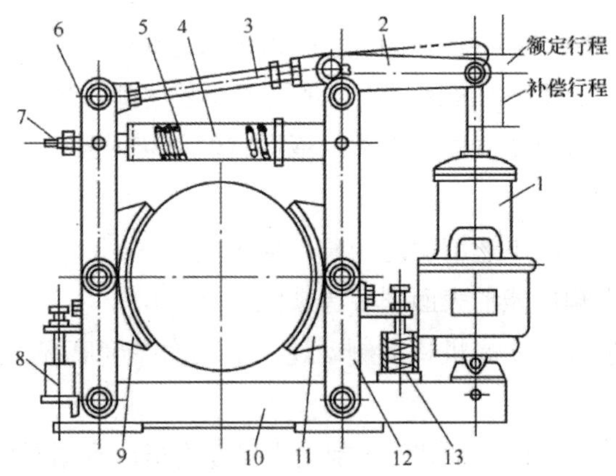

1—液压电磁铁；2—杠杆；3—拉杆；4—套板；5—主弹簧；6—左制动臂；7—拉杆；8、13—自动补偿器；9、11—瓦块；10—底座；12—右制动臂。

图 7-35　YDWZ 系列液压电磁铁制动器

1. 驱动装置

（1）磁铁线圈或电动机绕组烧损。

（2）推动器推力达不到松闸要求或无推力。

2. 制动弹簧

（1）弹簧出现塑性变形且变形量达到了弹簧工作变形量的10%以上。

（2）弹簧表面出现 20%以上的锈蚀或有裂纹等缺陷的明显损伤。

3. 传动构件

（1）构件出现影响性能的严重变形。

（2）主要摆动点出现磨损，并且磨损导致制动器动行程损失达原驱动行程的 20%以上时。

4. 制动衬垫

（1）铆接或组装式制动衬垫的磨损量达到衬垫原始厚度的50%。

（2）带钢背的卡装式制动衬垫的磨损量达到衬垫原始厚度的 2/3。

（3）制动衬垫表面出现碳化或剥落面积达到衬垫面积的 30%。

（4）制动衬垫表面出现裂纹或严重的龟裂现象。

5. 制动轮

制动轮出现下述情况之一时，应报废：

（1）影响性能的表面裂纹等缺陷。

（2）起升、变幅机构的制动轮，制动面厚度磨损达到原厚度的 40%。

（3）其他机构的制动轮，制动面厚度磨损达到原厚度的 50%。

（4）轮面的凹凸不平度达 1.5～2 mm 时，如能修理，修复后制动面厚度应符合上述（2）和（3）的要求。

第六节　停止器

停止器是实现单向运动的装置。在起升机构中装设停止器，就能使机构在起升方向自右旋转，在下降方向有止动作用。只有脱开停止器后重物才能下降。

停止器根据工作原理的不同可以分为棘轮停止器和摩擦停止器。摩擦停止器又分为凸轮停止器和滚柱停止器。本节主要介绍棘轮停止器和滚柱停止器。

一、棘轮停止器

棘轮停止器由棘轮、棘爪等组成。手动机构的棘轮可用铸铁制造，机动机构的棘轮均用锻钢或铸钢制造。棘爪通常用强度不低于棘轮的锻钢，如用 45 或 40Cr 钢制成，其支承端需要淬火。

如图 7-36 所示的棘轮停止器中，当提升重物时，棘轮沿逆时针方向旋转。棘爪则沿棘轮齿背滑过，当棘轮受载荷作用而要反转时，棘爪在自重或在弹簧作用下嵌入棘轮的齿间。制止其反转，使起升重物停止在一定的高度上，这种停止器的构造简单，工作可靠，常与带式制动器一起联合工作。

为了使棘爪能顺利地进入棘轮的齿间，齿面应与齿顶至棘轮的中心连线成一倾角 α，并且 α 角应大于棘轮轮齿与棘爪之间的摩擦角。通常取 α =15° ～20° 。

棘轮停止器工作时产生较大的冲击，增加棘轮齿数或分设多个棘爪可以减小冲击。但齿数过多将降低齿的弯曲强度，增设过多的棘爪则使结构复杂化，通常齿数取 6～30，手动时取小值，机动时取大值，棘轮的齿形及模数已经标准化。设计计算时可参阅有关手册。

为了避免棘爪在机构正转时不断冲击棘轮，以及因此引起的噪声，也可采用如图 7-37 所示的无声棘轮装置。

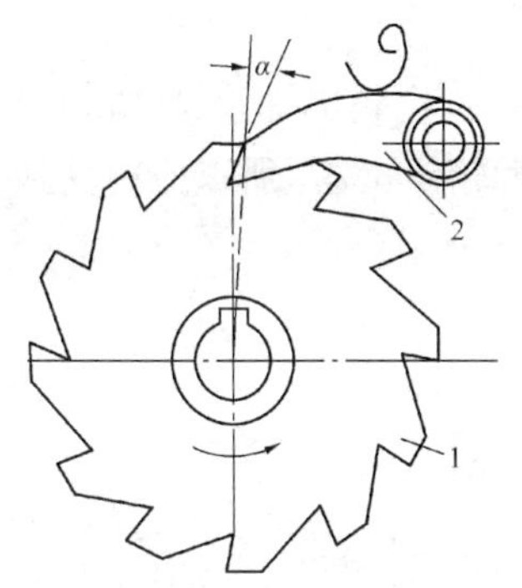

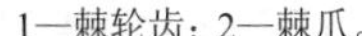
1—棘轮齿；2—棘爪。

图 7-36　棘轮停止器

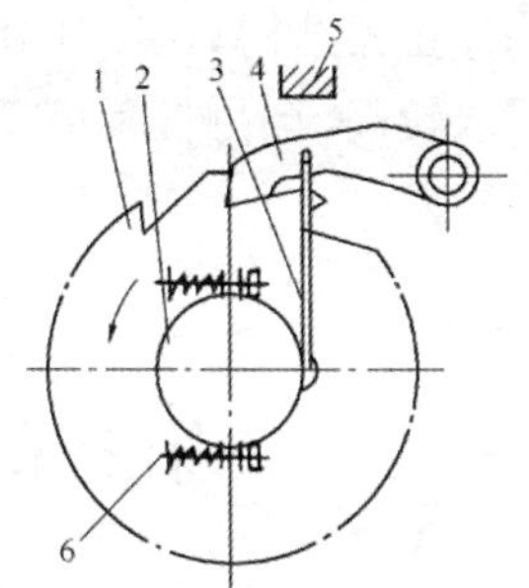

1—棘轮；2—摩擦环；3—连杆；4—棘爪；5—挡铁；6—弹簧。

图 7-37　无声棘轮

当棘轮按箭头方向旋转时，摩擦环也向同一方向旋转。此时通过连杆将棘爪推向挡铁使棘爪不与棘轮相碰，消除了噪声。当棘轮反方向旋转时，摩擦环通过连杆将棘爪拉回，插入棘轮齿间，阻止棘轮反转。弹簧保持摩擦环与转动轴之间有一定的摩擦力。

二、滚柱停止器

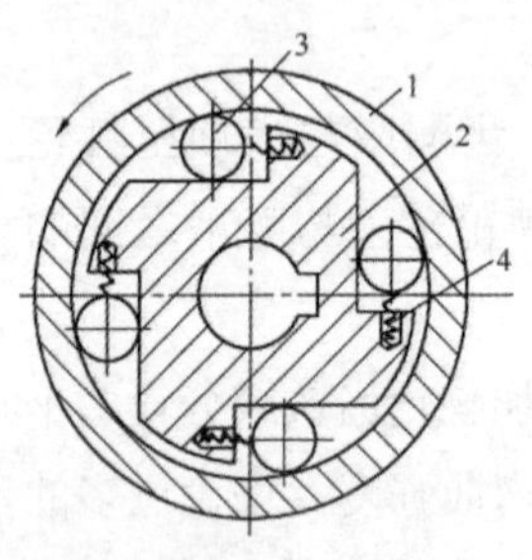

1—外圈；2—轮芯；
3—滚柱；4—弹簧。

图 7-38　滚柱停止器

图 7-38 所示为滚柱停止器的构造，它由外圈、轮芯、滚柱和弹簧组成。滚柱停止器的反转停止是靠外圈与滚柱、滚柱与轮芯之间的摩擦力来实现的。所以它是摩擦停止器的一种。

在工作时外圈不动，轮芯只能向箭头方向旋转，这时摩擦力使滚柱向楔形空间的大端滚动，它松弛地随着轮芯转动。当轮芯向反方向旋转时，摩擦力使滚柱向楔形空间的小端滚动，越来越紧，使轮芯不能转动，弹簧是用来保持滚柱与轮芯及外圈的接触，使其产生一定的摩擦力。

滚柱停止器结构紧凑，工作时无噪声、无冲击，但对材质和制造工艺要求较高，耐用性和可靠性不如棘轮停止器，所以应用受到一定的限制。

第七节　卷扬机

卷扬机又称绞车，是建筑起重机械的主要组成部分，配合井（门）架、桅杆、滑轮等辅助设备，可用来提升物料、安装设备等作业。由于其结构简单、移动灵活、操作方便、使用成本低、对作业环境适应性强等特点，在建筑施工中广泛应用于起重、拖曳重物等工作。建筑卷扬机是指在建筑和安装工程中使用的由电动机通过传动装置驱动带有钢丝绳的卷筒来实现载荷移动的机械设备。《建筑卷扬机》（GB/T 1955—2019）2019 年 10 月 18 日发布，2020 年 9 月 1 日实施。

一、卷扬机的分类

1. 卷扬机的型式与特征

（1）卷扬机按型式分为单筒卷扬机和双筒卷扬机。

（2）按速度和是否有溜放功能等特征分为快速、慢速和溜放 3 类。快速卷扬机是指额定速度大于 25 m/min 的卷扬机；慢速卷扬机是指额定速度小于或等于 25 m/min 的卷扬机；溜放卷扬机是指可断开电动机与卷筒之间的动力，利用载荷自身的重力来实现载荷下降的卷扬机。

2. 卷扬机型号编制方法

卷扬机的型号由型式、类组、特征、主参数及变型代号组成，说明如下：

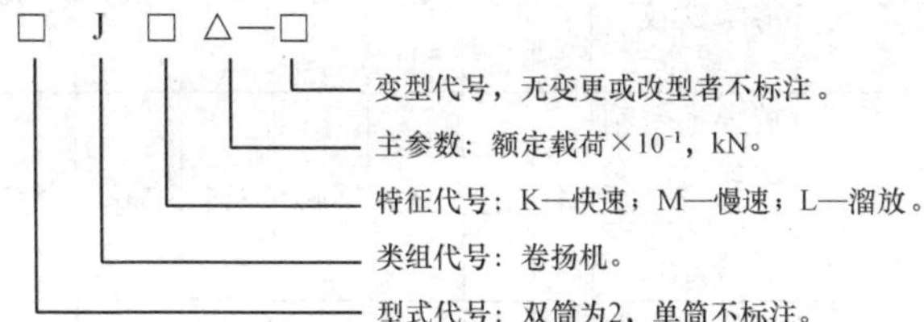

标记示例 1：额定载荷为 20 kN 的单筒高快卷扬机，其型号为建筑卷扬机 JG2 GB/T 1955。

标记示例 2：额定载荷为 50kN 的双卷慢速卷扬机，其型号为建筑卷扬机 2JM5 GB/T 1955。

3. 主参数

卷扬机的主参数是额定载荷。主参数系列有 5、7.5、10、12.5、

16、20、25、32、40、50、63、80、100、125、160、200、250、320、400、500、630、800、1 000、1 250、1 600、2 000、2 500 等，单位是 kN。

主参数也可以由供需双方商定。

二、卷扬机的技术要求

1. 工作级别

工作级别可作为设计计算的依据，也可作为用户选择和使用卷扬机的参考。卷扬机的工作级别按其总工作时间和载荷状态分为 M1～M8 共 8 个级别，见表 7-13。工作级别的确定方法详见《建筑卷扬机》（GB/T 1955—2019）附录 A。

表 7-13　建筑卷扬机工作级别

载荷状态	名义载荷谱系数 K_m	载荷状态说明	总工作时间/h							
			400	800	1 600	3 200	6 300	12 500	25 000	50 000
轻	0.125	很少承受额定载荷，通常承受较轻载荷	—	M1	M2	M3	M4	M5	M6	M7
中	0.250	较少承受额定载荷，通常承受中等载荷	M1	M2	M3	M4	M5	M6	M7	M8
重	0.500	经常承受额定载荷，通常承受较重载荷	M2	M3	M4	M5	M6	M7	M8	—
特重	1.000	通常承受额定载荷	M3	M4	M5	M6	M7	M8	—	—

2. 基本性能

（1）卷扬机应能在环境温度为-20～40℃的条件下正常工作。

（2）卷扬机各机构的动作应准确，运行应平稳，不得有异常振动和声响。

（3）在额定载荷下，卷扬机额定速度实测值与其理论值之差，不得超过理论值的±5%。

（4）卷扬机在额定载荷下按其电动机的工作制运转 1 h，电动机的温度不得超过 110℃，温升不得超过 80℃；减速机润滑油的温度不得超过 80℃，温升不得超过 40℃。

（5）卷扬机在额定载荷下工作时，机外噪声不应大于 85 dB（A）；操作者耳边噪声不应大于 88 dB（A）。

（6）在电动机输入端电压为 90%额定电压的条件下，非溜放卷扬机应能正常起升额定载荷。

（7）在进行 125%额定载荷的超载实验时，卷扬机各机构和零部件不得出现裂纹、永久性变形、连接件松动及其他对性能和安全有影响的损坏。

3. 制动器

（1）卷扬机应设置制动器。由动力控制的制动器应是常闭式的。溜放卷扬机应设置常开式制动器，该制动器应兼有控制溜放速度和将处于溜放状态的额定载荷直接制停的功能。

（2）工作级别在 M6 以下的非溜放卷扬机制动器的制动力矩应大于按额定载荷计算的静力矩的 1.5 倍；溜放卷扬机和工作级别 M6 及以上的非溜放卷扬机制动器的制动力矩应大于按额定载荷计算的静力矩的 1.75 倍。

（3）进行试验时，卷扬机制动器的制动距离不得大于卷扬机以额定速度运转 1 min 所卷入钢丝绳长度的 1.5%。

4. 操纵机构

各操纵件的位置应正确，操纵应方便、灵活、可靠。采用手动或脚踏来操作的，操作力和行程应符合表 7-14 的要求。

表 7-14　操作力和行程

操纵方式	操作力/N	行程/mm
手动	≤200	≤600
脚踏	≤300	≤300
大于表中操作力和行程时，应增设助力装置和行程控制装置		

5. 传动系统

（1）减速机不得有漏油现象。渗油面积不得大于 15 cm^2。

（2）开式齿轮、皮带轮、皮带等外露的传动件，应设防护罩。

6. 电动机和电气系统

（1）电动机工作制与定额应符合《旋转电机　定额和性能》（GB/T 755—2019）的规定，但不宜选用 S1 工作制的电动机。

（2）电气装置的防护等级，电动机不应低于《旋转电机整体结构的防护等级（TP 代码　分级）》（GB/T 4942.1—2006）的规定，控制盒、开关、控制器和电气元件不应低于《低压开关设备和控制设备　第 1 部分：总则》（GB/T 14048.1—2012）的规定，便携式控制装置不应低于《低压开关设备和控制设备　第 1 部分：总则》（GB/T 14048.1—2012）的规定。

（3）电动机、电气元件（不含电子元器件）和电气线路的对地绝缘电阻不应小于 1MΩ。

（4）电气控制设备和元件应安装在电控箱内。电控箱应能防范雨水、尘土对电气控制设备和元件造成的危害，电控箱门应有闭锁装置。电气设备安装应牢固，电气连接应接触良好，不易松脱。

（5）主电路应采用铜芯多股导线，并采用橡胶绝缘。电缆、导线截面积应按载流量计算选定，但不得小于 1.5 mm^2。

（6）应设置短路、过流、零位、失压和错、断相保护以及限位开关接口。

（7）进线处应设有带熔断器的主隔离开关。

（8）卷扬机应设有接地连接螺栓。接地电阻不得大于 4 Ω。

（9）应在方便操作的位置设置能迅速切断总控制电源的紧急断电开关。

（10）应有防止正反转同时工作的联锁功能。

（11）遥控操作的卷扬机，应具备在控制信号失效时确保卷扬机停止运转的功能或设施。

（12）遥控操作系统起作用时，其他操作系统不得起作用；其他操作系统起作用时，遥控操作系统不得起作用。

三、卷扬机的构造

1. JK 系列卷扬机

JK 系列属单筒快速卷扬机，因其用电磁制动器制动，又称电控卷扬机。它主要由电动机、减速器、制动器、卷筒和机架等组成，其构造和传动如图 7-39 所示。

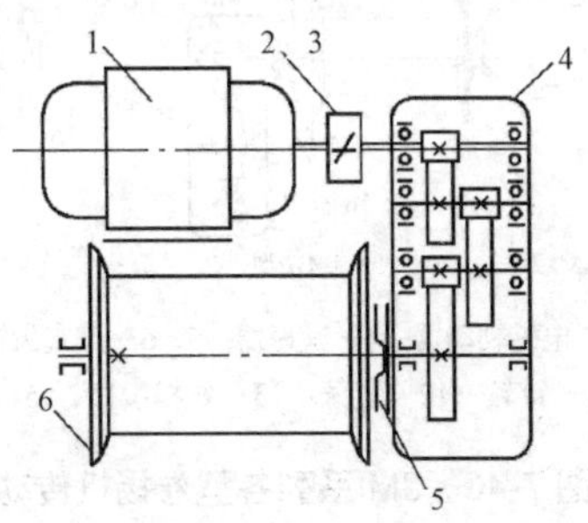

1—电动机；2、5—联轴器；3—电磁制动器；4—减速器；6—卷筒。

图 7-39　JK 型卷扬机传动

启动电动机时，电磁制动器同步松开，动力通过联轴器经过减速器后驱动卷筒旋转。当电动机停转时，电磁制动器也同步制动，使卷筒停转。卷筒的正反转也要随电动机的转动方向有所不同。因此，物体下降也要依靠电动机转动，不能做自重下降，影响下降速度。由于采用封闭式减速器和电磁制动器，所以作业时只需手持按钮开关操纵，劳动强度低，工作平稳可靠，是建筑施工中使用最广泛的机型。

2. JM 系列卷扬机

JM 系列属单筒慢速卷扬机，其绳速为 8～10 m/min，牵引力为 30～200 kN，是建筑施工中用于设备安装或张拉钢筋的卷扬机。它的结构和 JK 系列相似，也是采用电磁制动器，只是为了降低卷筒转速而采用蜗轮减速器，在减速器和卷筒之间再增加一对开式圆柱齿轮减速。其中 10 型、20 型等重型卷扬机，还要在减速器内增加一级齿轮减速装置。20 型卷扬机还在卷筒上增设排绳器和紧急制动等装置，以保证安全。如图 7-40 所示。

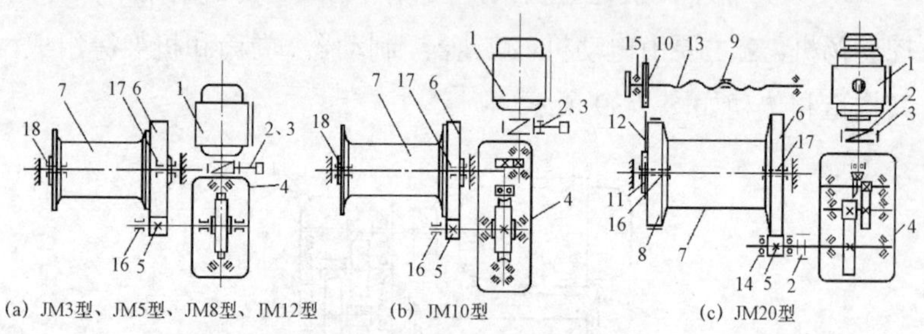

(a) JM3型、JM5型、JM8型、JM12型 (b) JM10型 (c) JM20型

1—电动机；2—联轴器；3—电磁制动器；4—减速器；5、6—开式齿轮；7—卷筒；8—紧急制动装置；9—排绳器；10、11—链轮；12—链条；13—丝杠；14、15、16、17、18—滑动轴承。

图 7-40 JM 系列各型卷扬机传动

3. 2JK 系列卷扬机

2JK 系列是用一台电动机和减速器使两个卷筒分别或同时

转动以牵引物件的双筒快速卷扬机，其额定牵引力只作为单卷筒使用时的牵引力。如果需要两个卷筒同时起吊重物时，则两个卷筒上起吊的载荷，总计不得超过额定牵引力。按照两个卷筒的排列形式可分为纵列式和横列式两种，其传动系统和离合器的构造如图 7-41、图 7-42 所示。

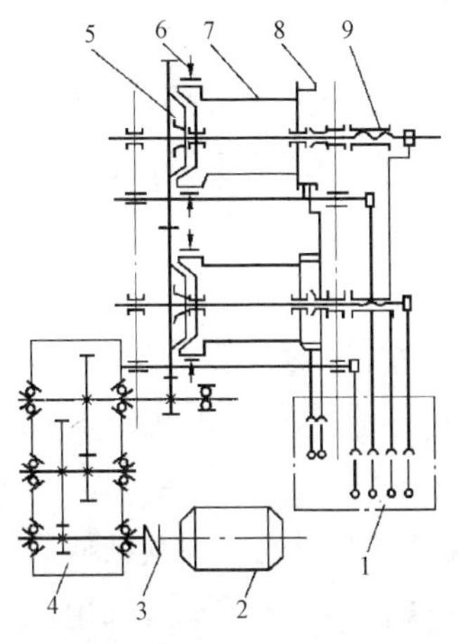

1—操纵手柄；2—电动机；3—联轴器；4—减速机；5—锥形摩擦离合器；6—带式制动器；7—卷筒；8—棘轮；9—推力制动器。

图 7-41　2JK 型卷扬机的传动

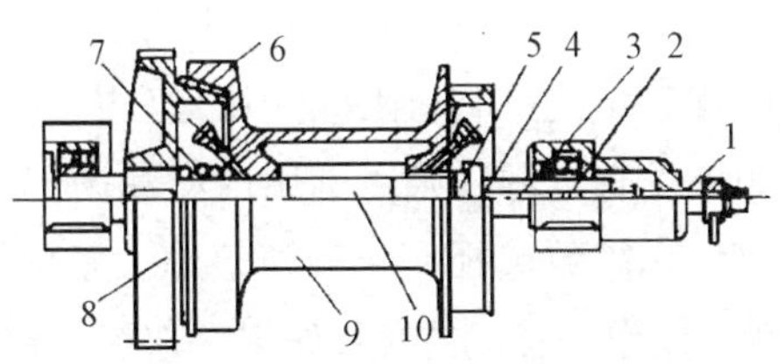

1—多头丝杠；2—钢球；3—顶杆；4—推进板；5—套；6—石棉树脂摩擦带；7—弹簧；8—摩擦大齿轮；9—卷筒；10—主轴。

图 7-42　2JK 型卷扬机离合器构造

2JK 系列卷扬机是由电动机经弹性柱销联轴器和减速器输入轴相连接，减速器输出轴端经开式小齿轮和离合器大齿轮啮合。工作时前推操纵手柄使顶杆上的摆动臂转动，多头丝杆压紧钢球、顶杆和推力板使卷筒左移压缩压力弹簧，卷筒靠摩擦力和锥形摩擦离合器一起旋转，从而牵引物体。后拉操纵手柄时，在压力弹簧作用下，卷筒和锥形离合器分开，卷筒停止旋转。制动装置为装在卷筒上的带式制动器，并装有棘轮停止器以确保制动可靠。操作时，必须松开制动带先提升重物，使棘爪脱开棘轮，方能正常工作。

四、卷扬机的使用

1. 卷扬机的选择

（1）卷扬机类型的选择。

①速度选择。对于建筑安装工程，由于提升距离较短，而准确性要求较高，一般应选用慢速卷扬机；对于长距离的提升（如高层建筑施工）或牵引物体，为提高生产率，减少电能消耗，应选用快速卷扬机。

②动力选择。由于电动机械工作安全可靠，运行费用低，可以进行远距离控制，因此，凡是有电源的地方，应选用电动卷扬机；如果没有电源，则可选用内燃卷扬机。

③筒数选择。一般建筑施工多采用单筒卷扬机，因其结构简单，操作和移动方便；如果在双线轨道上来回牵引斗车，宜选用双筒卷扬机，以简化安装工作，减少操作人员，提高生产率。

④传动形式选择。行星式和摆线针轮减速器传动的卷扬机，由于机体较小、结构紧凑、重量轻、运转灵活、操作简便，很适合建筑施工使用，可以优先考虑。

（2）卷扬机规格的选择。

卷扬机的主参数为额定载荷，因此，可根据作业中需要的最大牵引速度、卷筒容绳量等，对照卷扬机性能参数表，选择能满足施工中起重作业和牵引作业要求的机型。

①最大牵引力。钢丝绳的最大牵引力 F（N）按式（7-26）计算：

$$F=\frac{P\times 60\times 102\times \eta \times 9.81}{v} \qquad (7\text{-}26)$$

式中，P——卷扬机电动机功率，kW；

η——卷扬机机械效率：齿轮传动 η =0.8；蜗轮传动 η =0.25；

υ——钢丝绳牵引速度，m/min。

②牵引速度，m/min。钢丝绳牵引速度 υ 按式（7-27）计算：

$$\upsilon = \frac{\pi n}{1\,000}[D + d(2m - 1)] \tag{7-27}$$

式中，n——卷筒转速，r/min；

D——卷筒直径，mm；

d——钢丝绳直径，mm；

m——卷绕层数。

③卷筒绳容量。卷筒上钢丝绳有效长度 L（m）按式（7-28）计算：

$$L = \frac{Zm\pi}{1\,000}(D + md) - \frac{2\pi(D + d)}{1\,000} \tag{7-28}$$

式中，Z——绕在卷筒上钢丝绳有效长度的圈数；

2π（$D+d$）——绕在卷筒上钢丝绳两个安全圈的长度。

2. 卷扬机的安装

（1）卷扬机的锚固。

卷扬机在牵引重物时，会产生一个水平分力。为了使卷扬机在工作时不至倾翻或滑动，必须妥善进行固定，根据不同的使用要求，采用相应的固定方法，如图 7-43 所示。

①固定基础法。如图 7-43（a）所示，在钢筋混凝土基础内，预埋好地脚螺栓，使卷扬机的底座由地脚螺栓固定，这种方法适用于长期固定的卷扬机采用。

②压重法。如图 7-43（b）所示，将卷扬机固定在木排上，木排前端设置木桩上，阻止卷扬机滑动；木排后加压重 Q，防止倾翻。压重 Q 的数值，按绕 A 点倾翻的平衡条件，并考虑 1.5 倍的

安全系数计算，其计算公式为

$$Q = 1.5\frac{Na}{b} \times \frac{1}{9.8} \qquad (7\text{-}29)$$

式中，Q ——压重的质量，kg；

N ——钢丝绳的牵引力，N；

a ——N 至 A 点的距离，m；

b ——Q 至 A 点的距离，m。

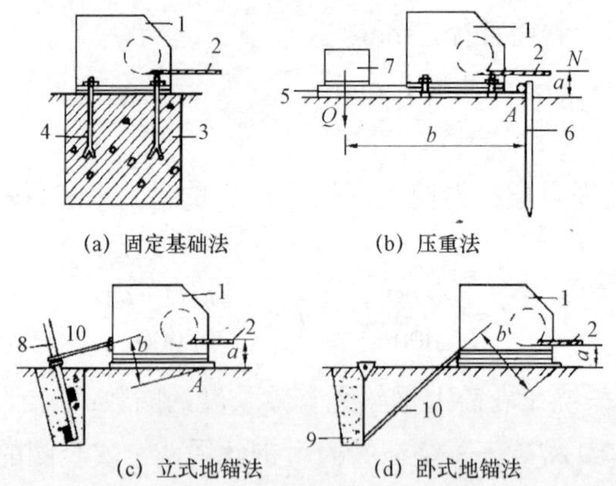

(a) 固定基础法　　(b) 压重法

(c) 立式地锚法　　(d) 卧式地锚法

1—卷扬机；2—钢丝绳；3—混凝土基础；4—地脚螺栓；5—木排；6—木桩；7—压重；8—立式地锚；9—卧式地锚；10—固定卷扬机的钢丝绳。

图 7-43　卷扬机的固定方法

压重法简单方便，适用于轻型卷扬机临时性施工。

③立式地锚法。如图 7-43（c）所示，立式地锚用于固定牵引力不大的卷扬机。由直径为 19～30 cm 的圆木埋入土内制成，根据情况可用两根或三根串联起来使用，如图 7-44 所示。木桩埋入土内深度应根据作用力和土壤的压力而定，一般不应小于 1.2 m。

④卧式地锚法。如图 7-43（d）所示，它是用集束圆木埋在土中，埋入的深度和圆木的数量应根据地锚受力大小和土质情况而定。一般埋入深度为 1.5～2.0 m，可受力 30～150 kN。圆木的长

度为 1～1.5 m。当拉力超过 75 kN 时，地锚横木上应加压板，以抵抗向上的分力，当拉力大于 150 kN 时，应用立柱和木壁加强，以增加土壤的横向抵抗力。这种地锚的固定力大，但施工费用较高，适用于重型卷扬机的安装。地锚埋设后，应注意将回填分层夯实，再进行抗拉试验。试验方法可采用环链手拉葫芦，通过拉力表，按 1.5 倍安全系数的拉力进行试验，确认安全可靠、无裂痕现象后，方可投入使用。

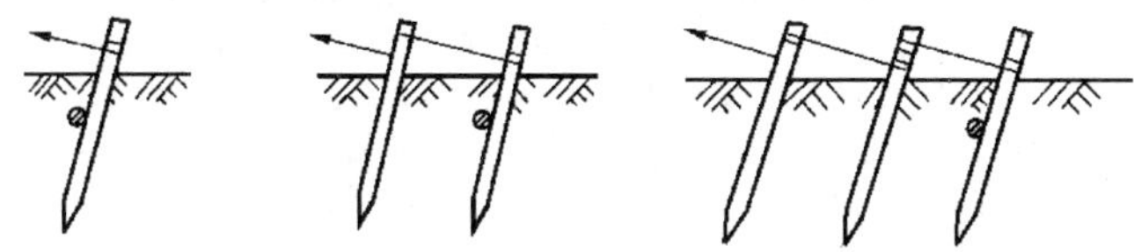

图 7-44　卷扬机立式地锚多根串联

（2）卷扬机安装的注意事项。

①卷扬机应安装在吊装区域外，视野宽广处，并应搭设简易机棚，操作者应能顺利地监视卷扬机全部作业过程。

②钢丝绳应成水平状态从卷筒下面卷入，并与卷筒轴线垂直，这样能使钢丝绳圈排列整齐，不致斜绕和互相错叠挤压。

③钢丝绳在卷筒上缠绕的旋向，要根据钢丝绳是右捻还是左捻，卷筒是正转还是反转，采用不同的缠绕方法，如图 7-45 所示。

采用正确的缠绕方法，可以使钢丝绳的拉力放松时，已缠在卷筒上的钢丝绳仍然会互相紧靠在一起，成为平整的一层。这是因为钢丝绳的拉力放松时，绳股会稍微扭转回来一些，而使绳圈互相靠拢。如不按正确方法缠绕，则每次拉力停止时，已缠好的钢丝绳会自行散开；如卷筒再旋转，就会互相错叠，增加钢丝绳的磨损。图 7-45 所示的绕法，对交互捻或同向捻的钢丝绳都是适用的。

④钢丝绳应和卷筒及吊笼连接牢固，不得与机架或地面摩擦。

通过道路时，应设过路保护装置。

⑤卷扬机必须有良好的接地装置，接地电阻应不大于 4 Ω。

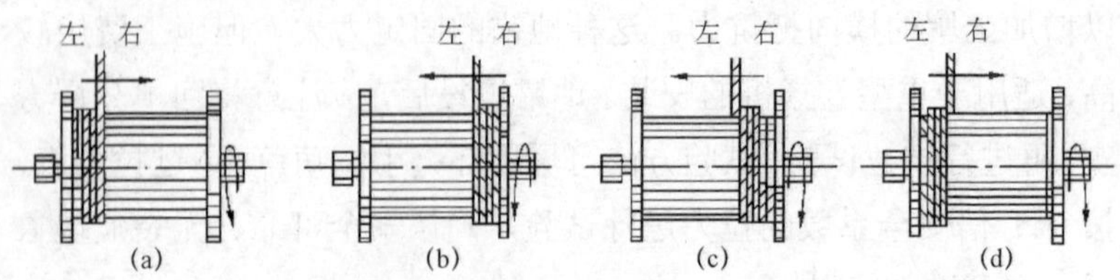

(a) 用右捻钢丝绳上卷，钢丝绳一端固定在卷筒左边，由左向右排列；
(b) 用右捻钢丝绳下卷，钢丝绳一端固定在卷筒右边，由右向左排列；
(c) 用左捻钢丝绳下卷，钢丝绳一端固定在卷筒右边，由右向左排列；
(d) 用左捻钢丝绳下卷，钢丝绳一端固定在卷筒左边，由左向右排列。
(从卷筒上面放出钢丝绳的是上卷；从卷筒下面放出钢丝绳的是下卷)

图 7-45　钢丝绳在卷筒上的缠绕方法

3. 卷扬机的技术试验

卷扬机安装完成后，必须经过技术试验，合格后才能使用。

（1）试验前的检查事项。

①卷扬机的电气设备及其接线、接地及防护罩、油嘴等附件应配备齐全，安装正确。

②操纵机构装配位置正确，操纵手柄转动灵活。

③井（门）架设立的锚固、缆风绳等应安装正确，各部位螺栓配备齐全，紧固可靠。

④制动器调整有效，联轴器的装配符合规定。

（2）空载试验。

空载运转不少于 15 min，检查各运转部位应运转平稳、无异响。

（3）额定载荷及超载试验。

①额定载荷及超载试验，从额定起重量的 80%开始，每次递增 10%，直到额定起重量的 110%为止。超载试验不得少于 30 min。

②运转时应正、反交替重复各 3 次，重物在悬空状态下进行提

升、下降和制动。制动时钢丝绳的下滑量：慢速系列不大于 100 mm，快速系列不大于 200 mm。

③试验中，离合器结合应平稳、不打滑。各操纵机构灵敏可靠，传动部分平稳无异响。

④试验后，检查各紧固件应牢靠、无松动、无变形情况。

4. 使用卷扬机时的注意事项

（1）操作人员应身体健康，且受过相关的安全教育，取得了相应的上岗操作资格。

（2）操作人员或操作指挥人员应能在自己的工作岗位上清晰地观察到运送载荷的情况、相关工作人员位置和工作情况。

（3）每天使用前应进行检查，此外还应进行定期检查。

（4）钢丝绳应按《起重机 钢丝绳 保养、维护、检验和报废》（GB/T 5972—2016）的规定进行检验和报废。

（5）卷扬机不得超载使用，不得用于运送人员，人也不得乘坐在被吊运的物品上。

（6）人不能进入被吊运物体的下方。

（7）不得反接制动，不得用人力打开动力控制的制动器来实现溜放。

（8）卷扬机处于工作状态时，操作人员不得离开操作位置。

（9）卷筒上的钢丝绳不能全部出尽，在最大出绳状态时，卷筒上也应至少保留 3 圈钢丝绳。

（10）不能超过电动机的接电持续率和最大启动次数使用。

（11）不得擅自对卷扬机进行改造。

（12）每天均应记录卷扬机的运行情况，记录的内容包括每天的工作时间、载荷情况以及检查、修理、调整等情况。

第八章　物料提升机的分类、性能及基本技术参数

根据《龙门架及井架物料提升机安全技术规范》（JGJ 88—2010）的定义，物料提升机是指用于建筑工程和市政工程所使用的以卷扬机或曳引机为动力、吊笼沿导轨垂直运行输送物料的起重设备。

第一节　分类及性能

一、按架体结构外形分类

按架体结构外形的不同，物料提升机分为龙门架式物料提升机和井架式物料提升机。

（1）龙门架式物料提升机的架体结构是由两根立柱和一根横梁（天梁）组成，顶部横梁与立柱组成形如“门框”的架体，吊笼在两立柱间沿轨道做垂直运动的提升机称为“龙门架”。

此类提升机结构简单，安装快捷，吊笼尺寸不受架体规格限

制，广泛应用于房屋结构为空心楼板等预制构件的施工工地使用。但占用场地较大，稳定性能较差，安装使用高度较低。

（2）井架式物料提升机的架体结构是型钢的 4 根立杆，多根水平及倾斜杆件组成井字架体，吊笼在井孔内做垂直运动的提升机，由于从水平截面上看似是一个“井”字，因此得名“井架”，也称“井字架”。此类提升机占用场地少，稳定性能较好，广泛应用于沿海地区，特别是广东地区房屋结构为现浇混凝土的高、低层建筑施工工地使用。缺点是构件较多，安装时间较长。

二、按架设高度及设计允许安装高度分类

根据《龙门架及井架物料提升机安全技术规范》（JGJ 88—2010）的规定，按架设高度及设计允许安装高度的不同，物料提升机可分为高架物料提升机和低架物料提升机。

（1）提升高度在 30 m（含 30 m）以下的物料提升机为低架物料提升机，此类提升机提升速度较慢，一般适合在 6 层以下的建筑物使用。

（2）提升高度在 31～150 m 的物料提升机为高架物料提升机，此类提升机提升速度较快，适合于高层建筑使用。

第二节　基本技术参数

目前物料提升机的型号、技术性能及基本参数基本上都由生产厂家根据市场的需求，自行设计制定。因此，如何安全、合理地选择和科学使用物料提升机，了解和掌握其使用范围和特性显得尤为重要。

一般井架的主要技术参数有：

（1）额定载重量：指单台吊笼设计所规定的提升物料的重量（额定载重量不宜超过 160 kN），通常用 kN 来表示。

（2）提升高度：指吊笼设计所规定的最大提升高度，用 m 表示。

（3）提升速度：指单台吊笼设计所规定的额定起重量时的吊笼运行速度，用 m/min 或 m/s 表示。

（4）架体的平面尺寸：指设计架体的最大外部尺寸。包括吊笼设计的平面尺寸或面积，用 m 或 m^2 表示。

（5）曳引机型号：指井架设计所选用的曳引机型号及主要技术参数和外形尺寸、重量等。

（6）安全器额定动作速度：指安全器动作时允许的最大速度，用 m/s 表示。

（7）安全器额定制动载荷：指安全器可有效制停的最大载荷，用 kN 表示。

（8）对重总重量：指平衡吊笼端的物体总重量，用 kg 表示。

（9）井架总重量：指井架所规定的材料总重量，用 kg 或 t 表示。这项参数为搭设井架的基础提供重要的依据。

（10）最大架设高度：指井架设计所规定的最大架设高度，用 m 表示。

使用人员必须了解和熟悉这些技术参数的作用和含义，才能正确地根据在建工程的施工要求和特点，合理选用并安全使用井架，制定出切实可靠的施工组织设计和安全管理措施，从而保证井架按设计规定安全运行。

第九章　物料提升机基本结构及工作原理

物料提升机是以曳引机为动力，以底架、立柱、多根水平及倾斜杆件、天梁为架体，以吊笼为工作装置，曳引机动力通过钢丝绳将吊笼沿架体内的导轨垂直运行，在架体上装设滑轮、安全装置等与曳引机、控制电器配套构成完整的垂直运输体系。本节主要介绍物料提升机的基本结构，如图 9-1 所示。

图 9-1　物料提升机的基本结构

第一节　架　体

架体是物料提升机最重要的钢结构件，是支承天梁的结构件，承载吊笼的垂直荷载，承担着载物重量，兼有运行导向和整体稳固的功能。架体的主要构件有底架、立柱、多根水平及倾斜杆件、导轨和天梁，型钢井架的常见规格如表 9-1 所示。

表 9-1　常见普通型钢井架

项目	Ⅰ		Ⅱ	
构造说明	立柱∟90×8 平撑∟63×6 斜撑∟50×5 连接板 $\delta=8$ 螺栓 M16 或 M14 节间尺寸 1 500 mm 底节尺寸 1 800 mm 导轨［6.3 单根杆件螺栓连接		立柱∟75×6 平撑∟50×5 斜撑∟40×4 连接板 $\delta=6$ 螺栓 M14 节间尺寸 1 500 mm 底节尺寸 1 800 mm 导轨［6.3 单根杆件螺栓连接	
井孔尺寸/m	3×2.1 2.1×2.1	3×2 2.2×2.2	3×2.1 2.1×2.1	3×2 2.2×2.2
吊盘尺寸（宽×长）/m	2.68×1.86 1.78×1.86	2.68×1.76 1.88×1.96	2.68×1.86 1.78×1.86	2.68×1.76 1.88×1.96
起重量	600～1 500 kg		600～800 kg	
搭设高度	常用 30 m 以上		常用 30 m 以下	
缆风设置	附着于建筑物不设缆风绳，应设置附墙架		高度 15 m 以下时设一道，15 m 以上时，每增高 10 m 增设一道，顶部另设一道，缆风绳宜用 9 mm 的钢丝绳，与地面夹角成 45°～60°	
搭设安装要点	单根杆件，螺栓连接，要求尺寸准确，结合牢固		单根杆件，螺栓连接，要求尺寸准确，结合牢固	
适用范围	适用于高层民用建筑砌筑和装修材料的垂直运输		适用于低层民用建筑砌筑和装修材料的垂直运输	

一、底架

底架的作用是保证架体与基础有坚固的连接。底架的材料是由 4 根槽钢焊接或拼接而成。底架与基础用预埋螺栓连接而成，如图 9-2 所示。

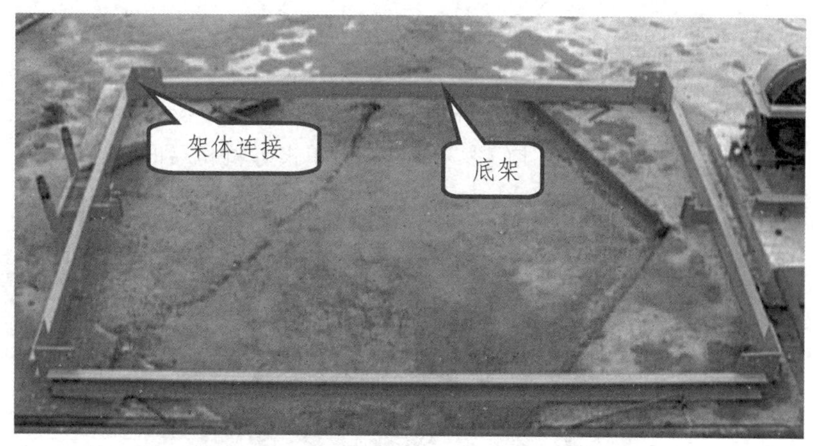

图 9-2　底架

二、立柱

立柱由型钢或钢管与连接板焊接或铆接组成，是连接底架、斜杆、水平杆的中心，是提升机最受力的杆件之一。其截面的大小根据吊笼的布置和受力，及架体设计总高度的需要，经设计计算确定，如图 9-3 所示。

图 9-3　立柱

三、导轨

导轨是装设在架体上并保证吊笼沿着架体上下平稳运动的重要构件。导轨的形式比较多，常见的有单根导轨和双根导轨，导轨以角钢、槽钢、钢管等型钢最为常见，如图 9-4 所示。

图 9-4　导轨

四、天梁

天梁是安装在架体顶部的横梁，是重要的受力部件，梁上装有一套钢丝绳转向滑轮组，天梁承受吊笼自重、所吊物料重量及平衡对重，应使用型钢制作，其载面大小应经计算确定，但不得小于 2 根［14# 槽钢，如图 9-5 所示。

图 9-5　天梁

五、天梁支承八字杆

天梁安装于架体最高的水平杆上，由于靠近主机端的水平杆要承受额定载荷、吊笼自重、对重、钢丝绳等总重量载荷，其水平杆件所承担的载荷远远大于天梁，而该水平杆跨度大，载荷全靠八字杆承担，所以是整个架体最重要、最受力的部件，绝对要保证八字杆不能漏装杆件及螺栓，如图 9-6 所示。

图 9-6　天梁支承八字杆

六、附墙架

附墙架是稳固架体的部件。当架体的安装高度超过设计的最大独立高度时，必须安装附墙架。附墙架的组成由预埋螺栓或预埋钢管与附着杆连接，附着杆另一端与架体用螺栓连接，如图 9-7 所示。根据《龙门架及井架物料提升机安全技术规范》（JGJ 88—2010）的规定，附墙架与导轨架及建筑结构采用刚性连接，不得与脚手架连接。附墙架间距、自由端高度不应大于使用说明书。

图 9-7　附墙架

第二节　吊　笼

用于盛放运输物体，可上下运行的笼状结构件，统称为吊笼。吊笼是供装载物料上下运行的部件。吊笼由横梁、侧柱、底板、两侧立面网板、顶板、斜拉杆和进出料层门等组成。常见以型钢、钢板、网板焊接成框架，再铺 50 mm 厚木板或焊有防滑钢板作载物底板。层门及两侧立面用网板全高度密封，底下 180 mm 以上设置挡脚板，以防物料或装货小车滑落，有的层门在吊笼运行至高处停靠时，具有高处临边作业的防护作用。吊笼顶部还应设防护顶板，形成吊笼状。吊笼横梁上常装有提升滑轮组，笼体侧面装有导靴及防坠安全器安全钳，如图 9-8 所示。

图 9-8　吊笼

第三节　对重系统

使用驱动形式为曳引机的物料提升机设有对重系统，由对重架、钢丝绳张力平衡部件、对重块、对重架导靴等组成。对重系统的重量与吊笼满载时的重量成一定比例，用来相对平衡吊笼重量，又称平衡重，为保证曳引系统传动正常，钢丝绳端设有张力平衡部件用来平衡多根各自独立的钢丝绳，使其受力一致。对重应标明质量并涂警告色，如图 9-9 所示。

图 9-9　对重系统结构

第四节　传动机构及传动部件

一、曳引机

曳引机是沿海地区物料提升机普遍使用的提升机构，通过电动机驱动曳引轮曳引闭式钢丝绳绕组完成牵引吊笼运动，如图 9-10 所示。

二、滑轮与钢丝绳

装在天梁上的滑轮称天轮，装在架体底部的滑轮称地轮。使用驱动形式为卷扬机的钢丝绳通过天轮、地轮及吊笼上的滑轮穿绕后，一端固定在天梁的销轴上，另一端与卷扬机卷筒锚固，滑轮按钢丝绳的直径选用（地轮仅用于用卷扬机作为提升机构的物料提升机）。使用驱动形式为曳引机的物料提升机仅有天轮和曳引轮，钢丝绳通过曳引轮及天轮穿绕后一端固定在吊笼顶上，一端固定在对重架上，通过曳引轮曳引吊笼及对重上下相对运动，如图 9-11 所示。

图 9-10 曳引机

图 9-11 滑轮与钢丝绳

三、导靴

导靴是安装在吊笼上沿导轨运行的装置，可防止吊笼运行中偏移或摆动，保证吊笼垂直上下运行，如图 9-12 所示。

图 9-12　导靴

第五节　安全装置

物料提升机的安全装置主要包括起重量限制器、防坠安全器、安全停靠装置、限位和极限开关、紧急断电开关、进料口防护棚、停层平台、缓冲器、操作室、防护围栏及进料门、防雷装置、平台门等。

一、起重量限制器

起重量限制器一般分为机械式和电子式两种。

机械式俗称“拉力环”，其外形如图 9-13 所示，钢环内装有两片弓形板与微动开关，当钢环受拉发生微量变形，弓形板可将微量的变形放大而触动微动开关，使吊笼的物料重量达到额定载荷 90%时，发出预警信号；当吊笼的物料重量达到大于额定载荷 100%时断电停机，防止吊笼超载引起钢丝绳、架体或其他构件受损坏而造成安全事故。

电子式的起重量限制器由传感器销轴与单片机组成。因传感器销轴要装于吊笼上，随吊笼上下几十米高度运行，传感器信号线超长不好处理，且单片机工作环境差，故障率比机械式多，故较少使用。

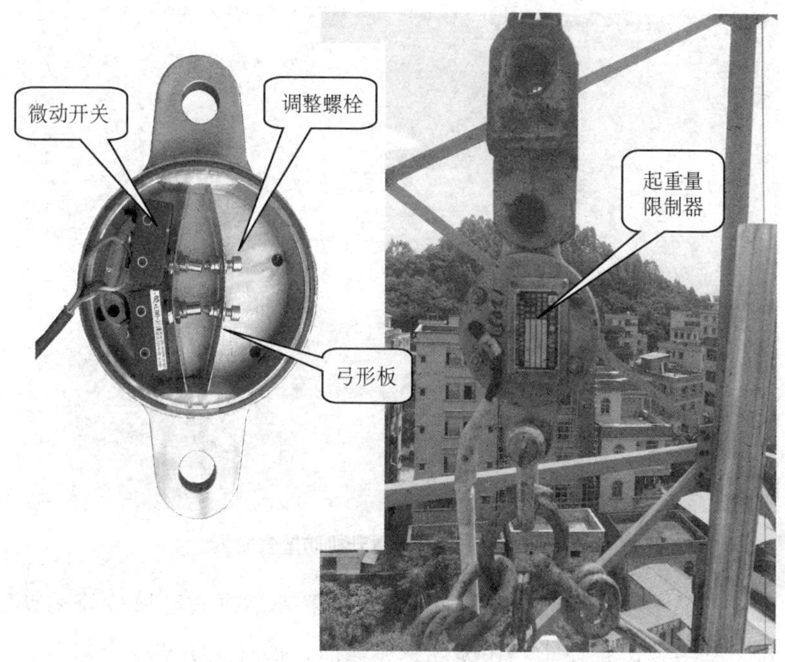

图 9-13　机械式起重量限制器

二、渐进式防坠安全器

目前较广泛应用的井架物料提升机防坠安全器，由重锤、重锤导轨、信号钢丝绳、防坠触发器、脱钩钢丝绳、安全钳、转向滑轮等部件组成，如图 9-14、图 9-15 所示。《吊笼有垂直导向的人货两用施工升降机》（GB 26557—2011）规定，安全装置应安装在吊笼上并由吊笼超速来直接触发。按上述定义安全装置必须安装于吊笼上，才能防止吊笼断绳、制动器失灵或曳引机断轴等而产生的吊笼坠落，单一功能的断绳保护装置不能作为防坠安全器。

图 9-14 井架物料提升机防坠安全器

防坠安全器分为瞬时式防坠安全器和渐进式防坠安全器两种，其主要区别在于当吊笼超速下坠时，瞬时式防坠安全器会马上制停吊笼，因没有制停距离容易造成结构损坏。而渐进式防坠安全器则有 0.25～1.2 m 的制动距离，不易造成结构损坏。《龙门架及井架物料提升机安全技术规范》（JG J88—2010）规定，架体 30 m 以上的物料提升机规定必须使用渐进式防坠安全器。

防坠安全器的工作原理：

1. 限速器

如图 9-15 所示，限速器有一个测速轮，由于重锤的作用力，防坠安全器的测速钢丝绳对测速轮（轮体结构为曳引轮）产生了压力，吊笼上下运行的速度通过测速钢丝绳传递给测速轮，测速轮通过芯轴带动棘爪座体旋转，棘爪座体旋转时离心块棘爪产生了离心力，旋转速度越快离心块棘爪的离心力越大，当速度超过正常额定速度的 130%时，离心块棘爪的离心力刚好大于图 9-15 中调定的拉力弹簧拉力，离心块棘爪摆到棘轮齿的啮合位置，触发脱钩卷筒旋转，通过钢丝绳同时拉动安全钳的杠杆止动钩，触发安全钳动作。限速器的额定动作速度出厂时已用专用仪器调定，封盖螺栓有漆封，不得自行拆盖调整拉力弹簧。

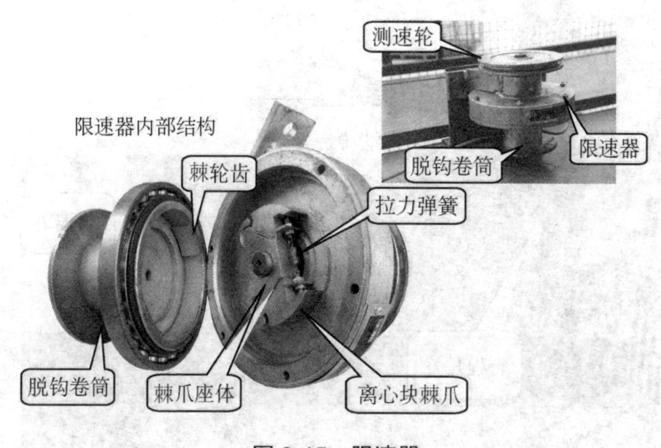

图 9-15　限速器

2. 安全钳

安全钳上有个杠杆止动钩，使导轨两边的斜楔块与导轨保持一定的间距，当脱钩卷筒旋转，卷筒上的钢丝绳同时拉动吊笼两端安全钳的杠杆止动钩使其同时脱扣，杠杆受两条拉力弹簧的作用，将导轨两边的斜楔块向上提起，实现制停吊笼，两边斜楔块向上提起同时压下行程开关使主机断电，如图 9-16 所示。

对于首次安装、转移工地后重新安装、安全器维修更换的物料提升机必须进行至少一次坠落试验，而正常使用后每隔 3 个月定期进行一次坠落试验。渐进式防坠安全器的制动距离是由初始制动力矩的大小来决定的，在进行坠落试验时若制动距离超出 0.25～1.2 m，则需微调拉力弹簧的初始制动力矩来调整制动距离以满足标准规定的制动距离。

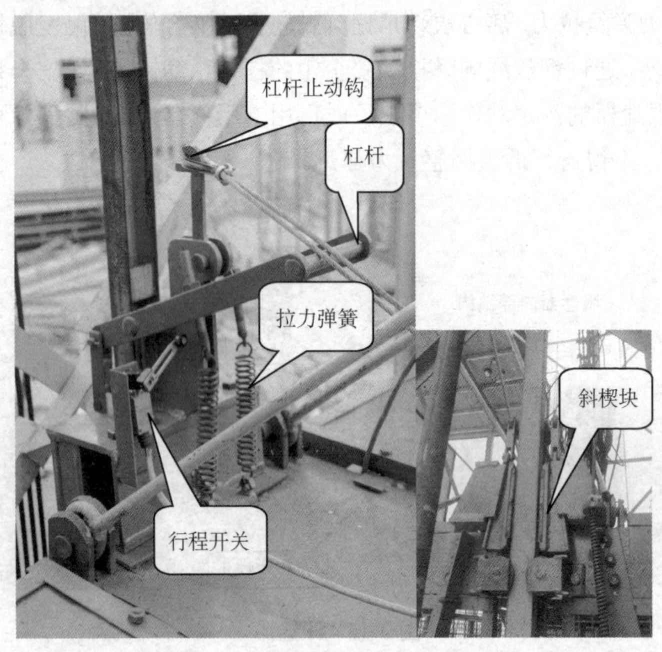

图 9-16　安全钳

三、安全停靠装置

吊笼运行到位时，当吊笼门开启，联动机构使安全刀处于导轨的内卡板上，如图 9-17 所示。该装置应能可靠地将吊笼定位，并能承担吊笼自重、额定荷载及运料人员和装卸物料时的工作荷载。

四、限位和极限

限制吊笼是在一定的距离内正常运行的安全装置，安装于上部的称上限位，安装于下部的称下限位，为防止限位失灵，于上限位行程外设多一道极限保护的称上极限，于下限位行程外设多一道极限保护的称下极限。限位保护和极限保护一般采用行程开关实现，如图 9-18 所示。所不同的是，限位开关为自动复位，极限开关为非自动复位；限位开关控制电动机正转或反转电路，极限开关控制总电源。

图 9-17　安全刀

图 9-18　限位行程开关

自动复位与非自动复位的区别在于当开关受外力作用时，开关内的触头发生接通或断开的变化，当外力消失时，自动复位的触头接通或断开复原，而非自动复位的要靠手动操控复原。

限位开关不能当作自动停机功能使用。

五、紧急断电开关

在操作台上有一个红色急停按钮，在紧急情况下，能及时切断提升机构的总控制电源。急停按钮为非自动复位，需复位时将按钮帽顺时针方向旋转即可，如图 9-19 所示。

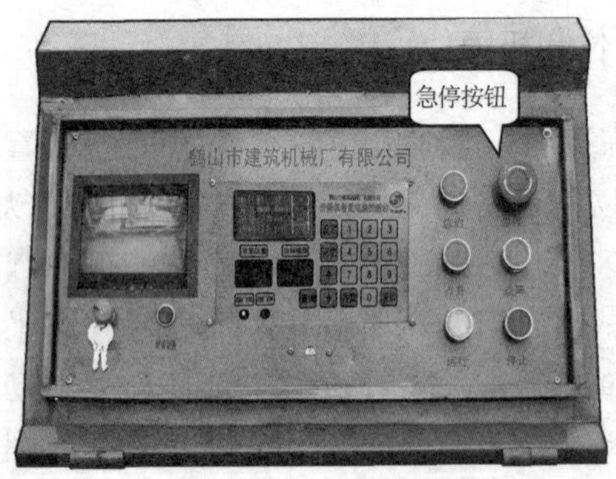

图 9-19　紧急断电开关

六、进料口防护棚

进料口防护棚非常重要，是地面运料人员经常出入和停留的地方，吊笼在运料过程中易发生落物伤人事故，因此搭设上料口防护棚是防止落物伤人的有效措施，如图 9-20 所示。

图 9-20　进料口防护棚

地面进料口防护棚应满足以下规范要求：

（1）《建筑施工高处作业安全技术规范》（JGJ 80—2016）规定，地面进料口防护棚应设在进料口上方，宽度必须大于通道口宽度，长度必须符合防坠落半径要求，宽度应大于吊笼宽度。

（2）《建筑施工升降机安装、使用、拆卸安全技术规程》（JGJ 215—2010）规定，当建筑物超过 2 层时，施工升降机地面通道上方应搭设防护棚。当建筑物高度超过 24 m 时，应设置双层防护棚。

（3）《建筑施工高处作业安全技术规范》（JGJ 80—2016）规定，建筑物高度超过 24 m 时，防护棚顶应采用双层防护设置。

（4）《建筑施工高处作业安全技术规范》（JGJ 80—2016）规定，防护棚的材质应坚硬、铺设材料应有防贯穿能力。

七、停层平台

停层平台的搭设应形成独立架体，不得借助物料提升机架体或脚手架立杆作为停层平台的传力杆件，以避免物料提升机架体或脚手架产生附加力矩，保证物料提升机与架体的稳定性，如图 9-21 所示。

停层平台不能作堆场使用，吊笼内的物料离开吊笼后应及时转移到施工楼层，防止停层平台超负荷塌陷。停层平台应满足以下规范要求：

（1）停层平台的搭设应符合《建筑施工扣件式钢管脚手架安全技术规范》（JGJ 130—2011）及其他标准的相关规定，并能承受 3 kN/m^2 的荷载。

（2）作业层脚手板应铺满、铺稳、铺实。

（3）作业层脚手板的两端均应固定于支承杆件上。

图 9-21 停层平台的搭设

八、平台门

平台门为物料提升机的重要安全装置，应采用工具式、定型化，强度应符合任意 500 mm^2 的面积上作用 300 N 的力的要求，在边框任意一点作用 1 kN 的力时，不应产生永久变形；平台门开启高度不应小于 1.8 m，门高度亦不宜小于 1.8 m，宽度与吊笼门宽度差不应大于 200 mm，并应安装在台口外边缘处，与台口外边缘的水平距离不应大于 200 mm；平台门下边缘以上 180 mm 内应采用厚度不小于 1.5 mm 钢板封闭，与台口上表面的垂直距离不宜大于 20 mm；平台门应向停层平台内侧开启，并应处于常闭状态，如图 9-22 所示。

图 9-22　平台门的设置

九、缓冲器

设置在架体底部坑内。为缓解因操作不当使吊笼下坠速度过快或下限位器失灵时产生的冲击力防护装置，该装置应能承受并吸收吊笼满载时和规定速度下降产生的相应冲击力，缓冲器的材料有多种，弹簧或轮胎等弹性实体是常见的两种，放在物料提升机架体内的基础上，作用是减小吊笼与混凝土基础的直接冲击，减轻吊笼的损伤。

十、操作室

物料提升机应配置操作室，其用途为保证操作司机工的操作安全，根据《龙门架及井架物料提升机安全技术规范》（JGJ 88—2010）的规定，操作室应为定型化、装配式，且应具有防雨功能。操作棚应有足够的操作空间，顶部任意 0.01 m² 面积上强度应能抵抗 1.5 kN 的力；当安装位置不满足防坠落半径的规范要求时，顶部应加设防护顶棚。

十一、防护围栏及进料门

物料提升机底部必须设置防护围栏及进料门进行围护，防止运动部件运动时有人进入造成机械伤害。根据《龙门架及井架物料提升机安全技术规范》（JGJ 88—2010）的规定，防护围栏及进料口门的设置高度及强度应符合规范要求（推荐做法如图 9-23 所示）。

图 9-23　防护围栏及进料门的设置

（1）围栏高度不应小于 1.8 m，围栏立面可采用网板结构。

（2）进料口门的开启高度不应小于 1.8 m。应有电气安全开关，吊笼应在进料口门关闭后才能启动。

（3）围栏网板孔径应小于 25 mm，其任意 500 mm^2 的面积上作用 300 N 的力，在边框任意一点作用 1 kN 的力时，不应产生永久变形。

十二、避雷装置

当物料提升机未在其他防雷保护范围内时，应在其顶端设置避雷装置。避雷装置为避雷针（接闪器），长度应为 1～2 m；防雷引下线可利用该设备或设施的金属结构体，但应保证电气连接。做防雷接地机械上的电气设备，所连接的 PE 线必须同时做重复接地，同一台机械电气设备的重复接地和机械的防雷接地可共用同一接地体，但接地电阻应符合重复接地电阻值的要求，接地电阻值不得大于 30 Ω，如图 9-24 所示。

图 9-24　避雷装置

十三、自升平台

架体标准节装拆的自升作业平台，如图 9-25 所示。组成部件有平台架体、导靴、防护栏杆、防坠安全刀、液压顶升系统等。平台通过液压顶升系统，将平台顶升到适合安装操作的高度，可安全、方便地拼装钢井架架体的杆件。

图 9-25　自升作业平台

自升平台有两项突出优点：一是装拆作业人员在设有防护栏杆的作业平台上工作，安全可靠，如图 9-26 所示，解决以往操作人员身上的安全带无法实现“高挂低用”的难题；二是自升平台可连接天梁系统（含滑轮组）一起顶升，特别是架体须顶升加高时无须拆卸后再重装天梁、滑轮组系统及钢丝绳，大大提高了顶升加高的效率及降低该项操作的难度。

图 9-26　设有防护栏杆的作业平台

平台的防坠安全装置为双棘爪式止退器。平台结构架体两侧的立柱，每边设置两把防坠安全刀，如图 9-27 所示，防坠安全刀可灵活在约 45° 角至水平之间转动，其铰轴孔靠近刀尖。由于重心的偏移能自动复位及转动限位的关系，防坠安全刀总是处于水平待停承状态，当升降平台体需上升时，防坠安全刀碰到导轨槽型内的停承位，防坠安全刀自动旋转避让，通过停承位置后自动恢复到待停承状态。每边设置两把位置不一的防坠安全刀，起到了当其中一把防坠安全刀需转动角度避让导轨槽型内的停承位时，另一把防坠安全刀保持处于水平待停承状态，防止升降平台体失控下坠。

图 9-27　两把防坠安全刀的设置

第十章　物料提升机安装、拆卸的程序和方法

根据建设部令第 166 号和《龙门架及井架物料提升机安全技术规范》（JGJ 88—2010）的规定，安装单位必须取得相关安装资质，作业人员必须经专门的安全作业培训，并经省级建设主管部门考核合格，取得相应的特种作业操作资格证方可上岗作业。

以下详细介绍井架物料提升机（曳引驱动机型）的安装及调试程序。

第一节　物料提升机的安装

一、安装必备的设施安全防护用品

物料提升机的安装必须配备小型卷扬机、防滑铁桥、梅花扳手、小撬棒、工具袋、安全帽、安全带、防滑的软胶底工作鞋、劳保手套、警戒带、测量用的经纬仪、接地电阻仪、兆欧表等。

二、安装作业前的技术交底

物料提升机安装前必须制定安全专项施工方案并向相关部门办理报装手续，制定施工方案时需充分考虑提升机周围环境有无影响作业环境的因素。尤其是缆风绳是否跨越或靠近外电线路以及其他架空输电线路。必须靠近时，保证最小安全距离，见表10-1，并采取相应的安全防护措施。

表10-1　提升机架体与架空输电线路的最小安全距离

外电线路电压/kV	<1	1～10	35～110	154～220	330～500
最小安全距离/m	4	6	8	10	15

《龙门架及井架物料提升机安全技术规范》（JGJ 88—2010）规定，物料提升机安装、拆除前，应根据工程实际情况编制专项安装、拆除方案，且应经安装、拆除单位技术负责人审批后实施。

安全专项施工方案应具有针对性、可操作性，并应包括：①工程概况；②编制依据；③安装位置及示意图；④专业安装、拆除技术人员的分工及职责；⑤辅助安装、拆除起重设备的型号、性能、参数及位置；⑥安装、拆除的工艺程序和安全技术措施；⑦主要安全装置的调试及试验程序。

根据《建筑施工安全检查标准》（JGJ 59—2011）中关于安全技术交底的要求，施工负责人在分派生产任务时，应对相关管理人员、施工作业人员进行书面安全技术交底；安全技术交底应按施工工序、施工部位分部分项进行；安全技术交底应结合施工作业场所状况、特点、工序，对危险因素、施工方案、规范标准、操作规程和应急措施进行交底；安全技术交底应由交底人、被交底人、专职安全员进行签字确认。专职安全员还应对每班进行安全提示，检查安装工人的安全帽、安全带的佩戴是否正确，检查是否穿软胶底的工作鞋，工作铁桥是否有防滑措施。

三、基础的制作

（1）按专项施工方案要求，首先放出基础大样尺寸开挖至设计标高后，组织相关人员进行验收，确保地基承载力、基础尺寸、配筋等符合方案要求。

（2）基础设计时要确保土质能承受整机的自重、额定载荷和满足使用说明书的要求。

（3）曳引机或卷扬机安装在井架旁边时要考虑混凝土基础自重，应大于对重质量与额定载荷及笼重，防止曳引机或卷扬机上拔，并考虑排水设施。

（4）架体底座与基础的连接，可采用以下两种形式。

一种是架体底座与基础的连接采用预留螺栓孔，如图 10-1 所示。混凝土达到设计强度后，拼装架体底座，测量底座对角线长度偏差，不大于最大边长的 0.3%，以确保长边与短边成直角，调整架体底座的水平面，浇灌螺栓孔的混凝土。

另一种是架体底座与基础的连接，采用预装螺栓直接浇筑，如图 10-2 所示，在基础内组装架体底座，测量底座对角线长度偏

图 10-1　预留螺栓孔

图 10-2　预装螺栓直接浇筑

差，不大于最大边长的 0.3%，以确保长边与短边成直角，调整架体底座的水平面，再浇筑混凝土，混凝土达到设计强度后，再次测量架体底座的水平面。若须高低调整时，底座调平的垫块必须为铁块，且要有一定的承压面积。

四、架体的安装

（1）安装前要划定安全警戒区域，并指定专人负责监护，禁止非安装操作人员进入施工区域。

（2）为安装方便，拼装完架体底座后，即搬运吊笼底盘到架体内，再安装首节立杆、水平杆、斜杆、内外导轨、对重架。第一节、第二节架体安装后，采用经纬仪测量架体垂直度，靠铁块调平确保架体第一节、第二节垂直度在 0.1%内，整个架体轴心线对水平基准面的垂直度偏差不应大于导轨架高度的 0.15%，且总偏差不大于 200 mm。

（3）当安装高度大于 2 m 时，操作人员必须佩戴安全带，安全带应高挂低用。

（4）架体安装到一定高度时，应安装小型卷扬机运送安装的杆件。为安装方便，架体顶部的天梁应随架体逐节增高，以便利用架体顶部天梁悬挂安装用的吊装滑车。锚固安装用的小型卷扬机，小型卷扬机的锚固可采用直径约 4 mm 的钢丝绳，将卷扬机与架体底座捆绑固定，如图 10-3 所示。安装用的钢丝绳端固定于卷筒上，通过吊装滑车，再到地面的吊钩。钢丝绳的总长度要考虑大于架体安装总高度的 2 倍以上，当吊钩处于地面时，钢丝绳必须在卷筒上有 3 圈的安全距离，吊钩应有防脱钩装置，严防起升物脱落。

（5）每节的立杆安装时，由于顶部没有防护栏杆和安全带不能系于高处，所以，必须先安装专用的悬挂吊桥，才能安装架体 4 个角的立杆，如图 10-4 所示。

图 10-3　卷扬机与架体底座捆绑固定

图 10-4　安装架体立杆

架体高度大于 30 m 的物料提升机应采用自升作业平台进行安装作业。

（6）安装时每节的立杆、横杆、斜杆、导轨等杆件须全部装上螺栓才能进行螺栓紧固。螺栓安装数量应齐全不能漏装，螺栓规格应符合孔径要求，一般孔径不大于螺栓 2 mm。装螺母之前应放上弹簧垫圈，螺母拧紧后螺栓的螺纹应露出 1～3 扣，如图 10-5 所示。

图 10-5　螺母安装

（7）架体安装高度大于 2 节时应设临时缆风绳，架体安装完毕当架体高度达到 20 m 时，若不能安装附墙架，应设置第一道缆风绳。安装到 30 m，应设置第二道缆风绳。只要一具备条件，就应该安装附墙架。

（8）架体首次安装高度不宜大于 30 m。架体安装完毕，拆除安装用的吊装滑车，安装架体顶部天梁。天梁必须等于或大于［14 槽钢，架体顶部天梁安装时要注意与曳引机、对重架的方向，不能错位安装。再安装滑轮组，滑轮直径与钢丝绳直径的比值不应小于 30。

五、缆风绳的安装

（1）架体高度小于或等于 30 m 若不能安装附墙架时，应设置缆风绳，但只要一具备条件，就应该安装附墙架。

（2）30m 以上的只能安装附墙架，不能设置缆风绳。根据缆风绳的安装要求，当物料提升机高度小于或等于 20 m 时，缆风绳不少于 1 组，每组 4～8 根；物料提升机提升高度在 21～30 m 时，缆风绳不少于 2 组，缆风绳与地面的夹角应为 45°～60°。

（3）缆风绳应选用圆股钢丝绳，直径不得小于 9.3 mm，严禁使用铅丝、钢筋、麻绳等代替钢丝绳作缆风绳，缆风绳下端不得拴在树木、电杆或堆放构件等物体上，应与地锚连接，而且采用与钢丝绳拉力相适应的花篮螺栓拉紧，缆风绳垂度应不大于其长度的 0.01 倍，如图 10-6 所示。

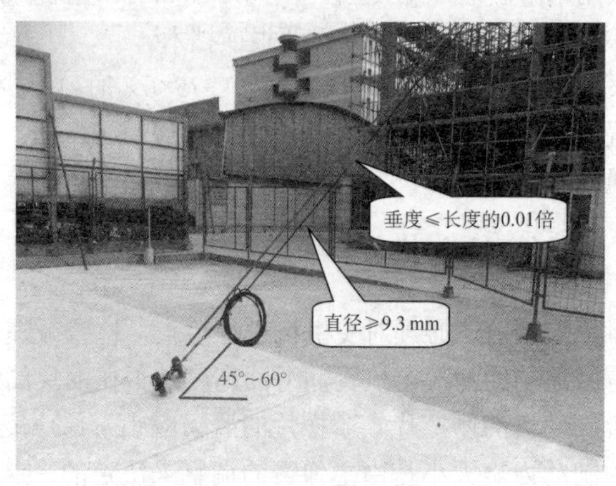

图 10-6　缆风绳安装

（4）地锚必须牢固可靠，地锚应根据架体的安装高度及土质情况经设计计算确定。当地锚无设计规定时，其规格和形式也可按以下情况选用：

1）水平地锚。水平地锚可按表 10-2 选用。

表 10-2　水平地锚参数

作用荷载/N	24 000	21 700	38 600	29 000	42 000	31 400	51 800	33 000
缆风绳水夹角/（°）	45	60	45	60	45	60	45	60
横置木（ϕ240 mm）（根数×长度）/ mm	1×2 500		3×2 500		3×3 200		3×3 300	
埋设深度/m	1.70		1.70		1.80		2.20	
压板（密排 ϕ100 mm 圆木）（长×宽）/ mm	—		—		800×3 200		800×3 200	

注：本表系下列条件确定：木材允许应力取 11 MPa；填土密度为 1 000 kg/m²；土壤内摩擦角为 45°。

2）桩式地锚：

①采用木单桩时，圆木直径不小于 200 mm，埋深不小于 1.7 m 时，并在桩的前上方和后下方设两根横挡木。

②采用脚手钢管（ϕ48）或角钢（∟75×6）时，不少于 2 根；并排设置，间距不小于 0.5 m；打入深度不小于 1.7 m；桩顶部应有缆风绳防滑措施。

六、曳引机的安装

曳引机安装前，必须对曳引机进行检查，检查减速箱是否漏油，查看减速箱的油尺，检查润滑油高度是否在油尺的标定刻度内；检查制动器的摩擦片，摩擦片的磨损应小于原厚度的 50%；制动器的制动力矩大小是由主弹簧的调整来决定的，应检查调整弹簧是否合适，调整时应观察电磁铁闭合时，弹簧的线间隙约 5 mm 为宜；检查曳引轮轮槽的磨损，曳引轮轮槽的斜边应为直线，不应有严重不均匀磨损形变，且钢丝绳与槽底不能接触，一般再次安装应更换新的曳引轮槽为宜。曳引机检查完毕后进行曳引机安装，曳引机与基础的连接应同于预留螺栓孔后浇灌或预装螺栓直接浇筑的连接方法，如图 10-7 所示，严禁电焊或拉爆螺栓连接。

图 10-7　电引机的安装

七、吊笼、对重、提升钢丝绳的安装

1. 吊笼组装

为使安装对重方便，吊笼组装应分为二次组装，在架体内先组装吊笼的骨架结构体，笼门、侧板等附件，待提升钢丝绳安装完成后再组装。

2. 对重的安装

由于对重与吊笼的位置刚好相反，一个在地面时另一个在架体上部，因安装用的小型卷扬机起吊载荷有限，为了安装方便，安装时，处于地面的对重架内先放置对重块约 160 kg。如图 10-8 所示。

图 10-8　对重的安装

3. 提升钢丝绳的安装

穿绕曳引机钢丝绳，首先将钢丝绳由曳引机往架顶穿绕天梁上 2 个边滑轮，再到地面对重架的钢丝绳平衡调节器上，每根钢丝绳用 3 个绳卡按规范锚固好，绳卡的安装应符合规范要求，绳卡鞍座应在受力钢丝绳一边，绳卡间距为大于钢丝绳直径的 6 倍，如图 10-9 所示。靠安装用的小型卷扬机，将内装约 160 kg 对重块的对重架提升到离架顶约 1.2 m 处，用手拉葫芦将对重架固定在架体上，将曳引机端的钢丝绳绕曳引轮 180° 后，上升到架体顶部，穿绕曳引机方向的边滑轮和中间滑轮，再到地面已安装好的吊笼集绳器上，用绳卡按规范固定好。

4. 安装剩余对重块

安装剩余未装的对重块。拆除手拉葫芦，曳引机接上临时电源，开动曳引机，将吊笼提升到架体顶部，此时对重块降到地面，装上余下的对重块。反向开动曳引机，对重架往上提升，吊笼降到地面，此时将吊笼余下未装的笼门侧板等附件组装完成。

图 10-9　提升钢丝绳的安装

八、电控系统的安装

电控系统应有固定的操作台，如图 10-10 所示。配置有可视监控系统，司机能清晰观察吊笼内及楼层进出口情况；配置有司机与各楼层的双向对讲联络通信设备；配置有层门报警系统。电控

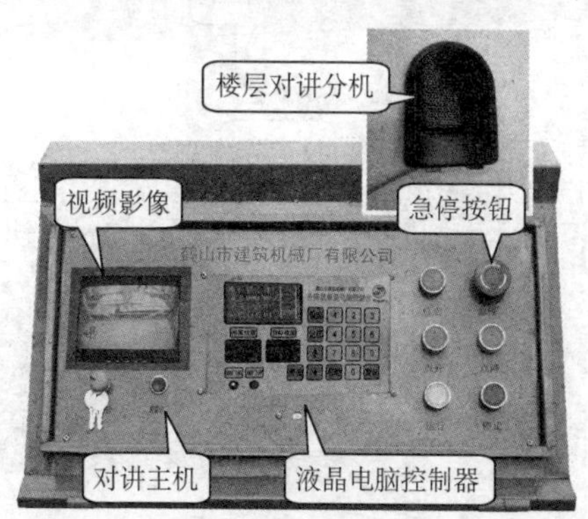

图 10-10　电控系统操作台

系统功能有吊笼启动前能自动铃响提示，具有慢速起步、高速运行、慢速就位和自动停层、错缺相保护等功能。操作台要设置于防雨、有门锁的操作间内，电控系统的供电线路应接在独立的漏电开关线路上，架体结构及所有电气设备的金属外壳应接地。

九、渐进式防坠安全器的安装

渐进式防坠安全器是安全装置的重要部件之一，必须按照下列安装步骤进行。

1. 安全钳的安装

将安全钳固定在吊笼顶的左右两侧，如图 10-11 所示。调整安全钳的两根弹簧调整螺栓，螺母位置约在螺栓的中部，将安全钳杠杆提起，用杠杆止动钩定位好斜楔块，使斜楔块与吊笼的导轨有一定的间隙。其中一个安全钳装上行程开关，开关线路串联于电气的总控制线上。

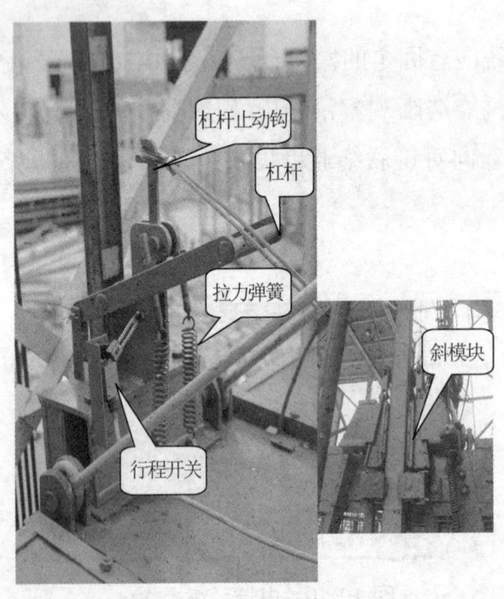

图 10-11　安全钳的安装

2. 限速器的安装

限速器的动作速度出厂时已调整好，严禁客户自行调整。

在吊笼顶上安装限速器的“L”支座板，“L”支座板的平面向建筑物方向，螺栓固定于吊笼顶部中间，限速器固定于“L”支座板上面，脱钩卷筒于下部，如图 10-12 所示。

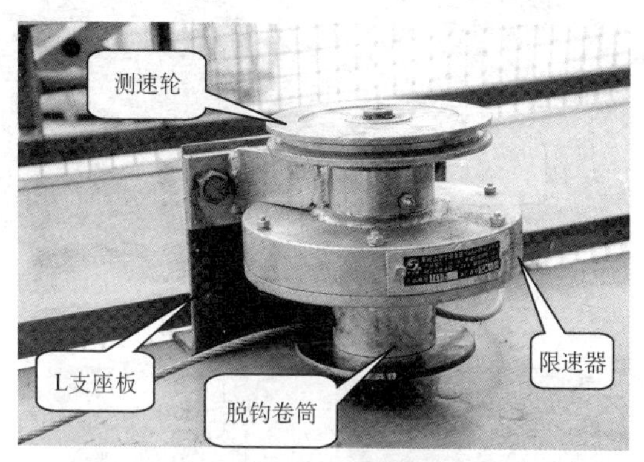

图 10-12　限速器的固定

限速器固定后，安装脱钩钢丝绳。用一根长度约 3.5 m 的 $\phi5$ 钢丝绳，绳的中部安装两个绳卡，绳卡间距约 60 mm，将 $\phi5$ 钢丝绳的两个端头分别从限速器脱钩卷筒内穿出，绳卡置于卷筒内，钢丝绳两端装上羊眼圈，分别钩在安全钳杠杆止动钩上，钢丝绳不能绷得太紧，两根钢丝绳的松紧度应一致，如图 10-13 所示。

3. 转向滑轮及重锤的安装

转向滑轮组固定于吊笼顶部的对重侧面的吊笼进料方向。重锤导轨对应固定于转向滑轮的下方，重锤体安装于导轨内，临时支承离地面约 250 mm，如图 10-14 所示。

限速器钢丝绳安装好后，解除重锤的临时支承物，此时重锤必须离开地面，靠重锤自重将限速钢丝绳绷紧。

图 10-13　安装脱钩钢丝绳

图 10-14　转向滑轮及重锤的安装

4. 限速器钢丝绳的安装

$\phi8$ 钢丝绳的一端从重锤的吊环孔穿过，经滑轮组下部的滑轮、经限速器的测速轮、经滑轮组上部的滑轮，直达井架顶槽钢大梁对应的位置，用绳卡固定好。另一端用绳卡固定好重锤的吊环，剩余的钢丝绳盘绕捆扎成圈留以后井架加高备用。

十、自升平台的安装、应用

自升平台是安拆的辅助设备，其最大的优点是装拆作业时安全高效，特别是井架加高时特别显示出其优势之处。安装时按照下列步骤进行。

1. 平台体的组装（图 10-15）

当井字架体安装两节标准节后即可安装自升平台。

平台体的组装步骤：

①两根平台体的槽钢立柱分别装于吊笼导轨上。

②安装平台下部底梁。

③安装平台板。

④用井架体顶节的八字撑杆将平台体与井架槽钢顶大梁连接。

⑤安装天梁滑轮组。

⑥安装平台体护栏。

图 10-15　平台体的组装

2. 液压系统的组装步骤（图 10-16）

①将液压缸的安装孔、摆动手柄安装孔、立柱的安装孔、用销

轴三位一体连接。

②两支液压缸长度一样但缸径不一，安装时左缸与右缸不用分缸径大小。

③安装液压缸导向。

④检查油箱的油标尺是否有充足的液压油，若添加应加注 68 号抗磨液压油。

⑤在平台的中间安放液压站，液压站的开关接上 380V 电源，并检查电动机的转向是否正确，转向应为顺时针方向。

⑥油路板分 A、B、C 3 个接口（小图⑥的左下接口为 A，左上接口为 B，右边为 C），通过管道与两个液压缸连接，油管连接时先将 3 条 1.5 m 长的油管，用三通与之相接，一路油管接大缸径的有杆端，另一路油管接小缸径的无杆端。

⑦最后一路油管接油路板的 C 口。

⑧另两根 2.5 m 长的油管，一条将大缸径的无杆端与油路板的 A 口；另一条将小缸径的有杆端与油路板的 B 口相连。

⑨管道连接外貌。

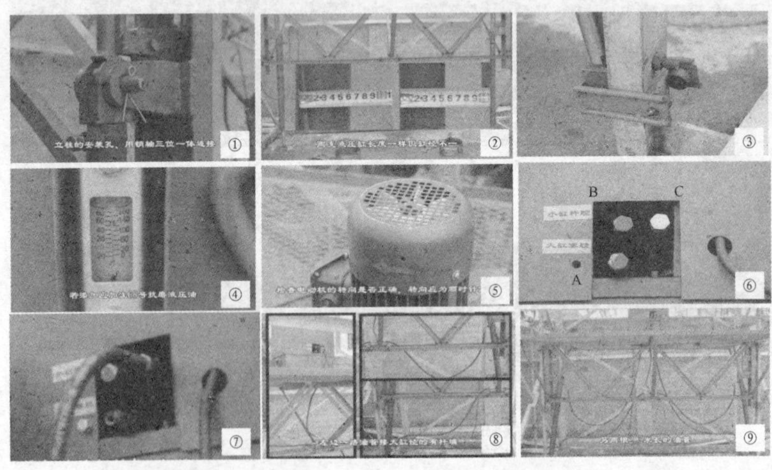

图 10-16　液压系统的组装步骤

3. 液压操控介绍

（1）流量阀的调整（图 10-17）：

①用 2 mm 的内六角扳手松开紧固螺栓，将流量刻度调整到 1。

②再将紧固螺栓拧紧。

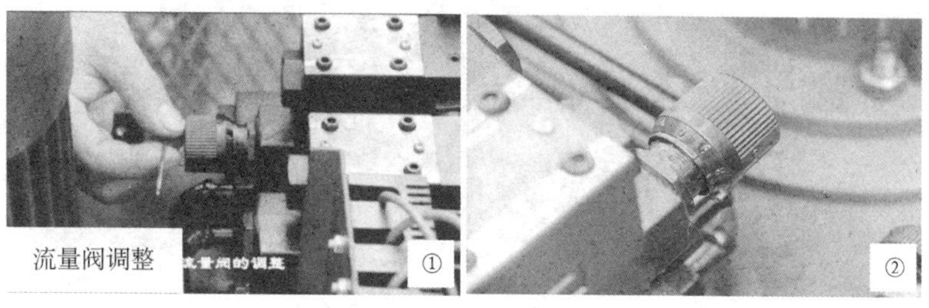

图 10-17 流量阀的调整

（2）新安装的液压系统必须要操控液压缸多次往复全程运行，确保排空管道中的空气。

（3）两油杆动作操作（图 10-18）：

左操作杆不动，右操作杆向上两油杆同时伸出（平台上升），向下两油杆同时收回（平台下降）。

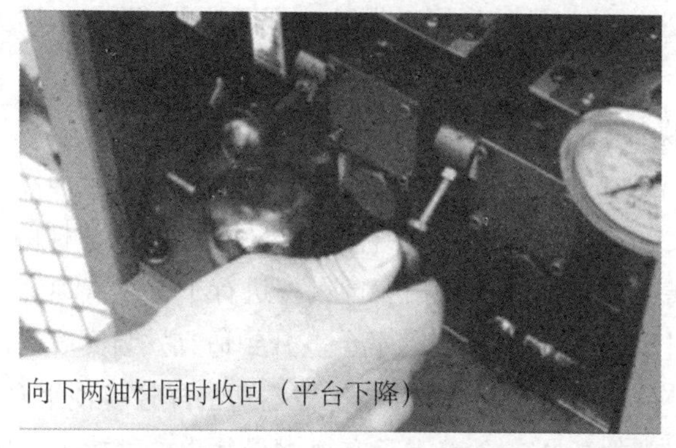

图 10-18 两油杆动作操作

（4）当两边油杆不平衡时，操作如下（图 10-19）：

①先左操作杆向上，再右操作杆向下，小液压缸的油杆独自伸出。

②先左操作杆向下，再右操作杆向下，小液压缸的油杆独自收回。

图 10-19　两边油杆不平衡时的操作

（5）安拆平台的应用：

1）吊笼的槽钢导轨内设有挡板，用于多次液压顶升和安装时支承整个工作平台之用，如图 10-20 所示。平台体的两端立柱各自设有两把防坠安全刀（棘爪），当平台上升；一把防坠安全刀旋转避让导轨内挡板时，另一把防坠安全刀保持平行，确保平台防坠状态。

2）平台须上升时，同时摆动油杆两边的“V”形座到槽钢导轨内的挡板相应位置。

3）操控右边的操控杆使油杆伸出，平台上升到二次顶升位置时，操控右边的操控杆使平台下降，使平台防坠安全刀停放在导轨内挡板上，再操控右边的操控杆使油杆缩回，摆动油杆两边的“V”形座到槽钢导轨内的挡板相应位置，进行平台二次顶升……重复2～3 次上述平台顶升程序，平台上升到适宜安装高度时，观察两边上部棘爪均进入支承部位时，操控右边的操控杆使平台下降，平台两边上部的防坠安全刀支承在槽钢导轨内的挡板上，才能进行装拆作业，如图 10-20 所示。

图 10-20　吊笼的槽钢导轨内的挡板位置

4）井架体加高到最大安装高度后，复位安装好井架槽钢顶大梁，复位安装好井架体顶节的八字斜撑杆。

5）自升降安拆平台的注意事项：

①操作平台额定载荷严格按照产品使用说明书。

②平台上升或下降时平台不得有井架安装的杆件。

③提升杆件的吊钩滑轮严禁挂在平台上。

④两边上部棘爪均支承在挡板后才能进行安装作业。

⑤操作平台上升或下降必须保持平衡，严禁倾斜运行。

第二节　物料提升机的调试与自检

一、架体垂直度的测量

采用经纬仪测量架体两侧面的垂直度，架体垂直度必须控制在 0.15%以下且总偏差不大于 200 mm。

二、钢丝绳的张力调整

曳引驱动的各根钢丝绳必须受力一致，其检验方法是观察张力调整器的各根弹簧是否压缩均衡，如图 10-21 所示。

图 10-21　曳引力自动平衡装置

三、吊笼试运行

（1）外导轨涂上润滑油后，开动曳引机观察吊笼运行状况，检查导轨接点，两根导轨接点截面错位不大于 1.5 mm。

（2）检查限位和极限。限位开关控制电动机正转与反转电路，极限开关控制总电源。吊笼触发限位开关停机后不能触动极限开关，极限开关停机后不能触动缓冲器。上限位开关的安装位置应满足《龙门架及井架物料提升机安全技术规范》（JGJ 88—2010）的规定，当吊笼上升至限定位置时，触发限位开关，吊笼被制停，上部越程距离不应小于 3 m。

四、吊笼制动的检查

在额定载荷下，中途停机后应检查吊笼是否在有效制动距离内制停。

五、安全停靠装置的检查

停靠装置必须灵活可靠，当打开吊笼门时，联动机构应保证停靠安全刀摆到内导轨停靠卡板有效范围内，如图 10-22 所示。

图 10-22　安全停靠装置

六、起重量限制器的调试

吊笼处于下部离地面约 200 mm 装载重物，当荷载达到额定荷载的 90%时，调整起重量限制器内的动作触点，控制箱应能发出预警信号，预警蜂鸣器响，指示灯亮，吊笼可启动上下运行。

继续装载重物稍大于额定载荷的100%时，调整起重量限制器内的另一动作触点，控制箱应能发出报警信号，报警讯响，指示灯亮，切断总电源，吊笼不能上下运行，如图10-23所示。

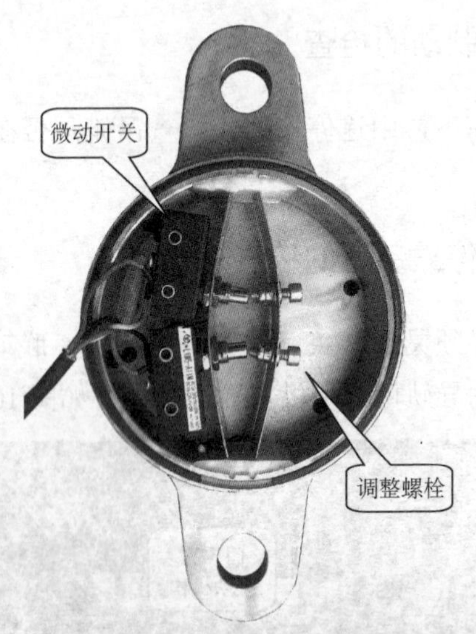

图10-23　起重量限制器的调试

七、防坠安全器的坠落试验

防坠安全器是否灵敏可靠应用试验按钮试验，采用手动按压制动器试验不可靠。推荐试验方法：吊笼装载额定起重量上下运行3次（试验限速器动作速度），吊笼处于约10 m高，长按试验按钮（仅制动器通电），如图10-24所示。吊笼处于自由落体下坠状态，其速度达到限速器的动作速度时，靠限速器超速来直接触发安全钳制停吊笼。

下面以某厂的井架物料提升机产品为例，详细介绍的防坠安全器的坠落试验具体方法：

图 10-24 防坠安全器试验按钮

（1）向厂家购买或自行按图 10-25 装配坠落试验按钮盒。

（2）吊笼装载额定载荷，将吊笼提升到约 10 m 高。

（3）拆除制动器的电机电源，接上坠落试验按钮。

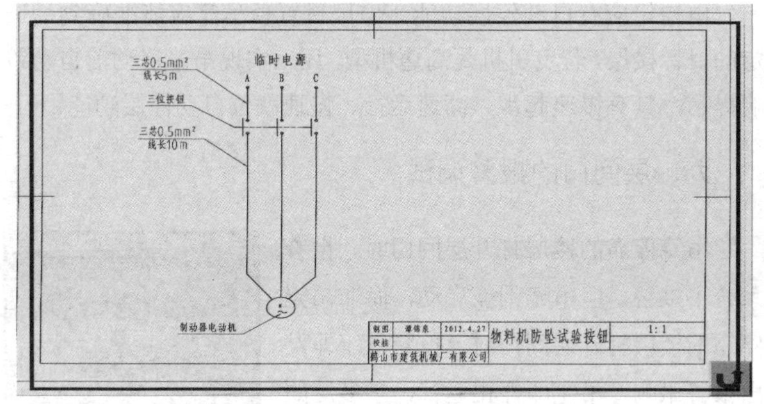

图 10-25 防坠安全器试验按钮的装配

（4）按住按钮，使制动器接通电源打开刹车。

（5）吊笼由于制动器打开产生下坠，当下降速度达到限速器标定动作速度时，限速器动作带动触发机构的卷筒旋转，卷筒的钢丝绳将安全钳的定位插销拔出，安全钳动作制停吊笼。

（6）若吊笼下坠到离地面 3 m 时不能自动制停应即松开按钮，靠制动器制停吊笼。

防坠安全器坠落试验后必须进行复位才能正常使用，复位方法：

①拆除坠落试验按钮，制动器电机电源复原。

②安全钳杠杆用力往上提的同时用手锤轻轻打击楔块，并稍微点动上升按钮使楔块脱离导轨。

③安全钳杠杆挂上止动钩，复原卷筒与插销钢丝绳。

④吊笼往上开 1 m 左右，使限速器自动复位（限速器复位后拉动限速钢丝绳，钢丝绳能稍微上下运动）。

⑤检查安全钳挡板上方的绳卡与压缩弹簧是否紧贴挡板即可。

八、自动停层的调试

电控箱应有自动停层功能，停层设置后吊笼应能准确到达选定的目标楼层，若曳引机是高速机型，还应实现吊笼启动前自动铃响提示，具有慢速起步、高速运行、慢速就位自动停层功能。

九、层间门的报警调试

吊笼停靠的楼层打开层间门时，报警系统不报警，但吊笼不能启动，而非吊笼停靠的楼层打开层间门时，报警系统即发出报警讯响，吊笼即停止运行，当多层的楼层打开层间门，荧屏可同时显示没有关闭的层间门，如图 10-26 所示。

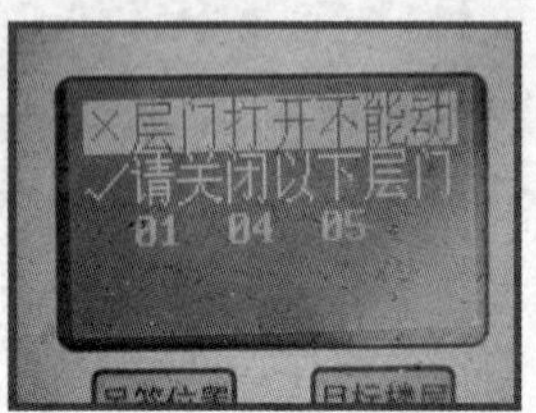

图 10-26　层间门的报警调试

十、电气绝缘电阻的测量

采用兆欧表测量电气设备的对地绝缘电阻应≥0.5 mΩ。

电气线路的对地绝缘电阻应≥1.0 mΩ。

十一、接地保护、防雷地网的测量

金属结构和电气设备的金属外壳、导线的金属保护管及金属线槽等是否可靠接地，对于保护接零系统，重复接地或防雷接地的接地电阻应不大于 10 Ω；对于保护接地系统的接地电阻应不大于 4 Ω，并做好记录。记录表格式见表 10-3。

表 10-3　接地电阻测试记录

GDAQ20610 □

工程名称：　　　　　　　　　　　　施工单位：

序号	检测位置或设备名称	工作接地电阻/Ω		保护接地电阻/Ω		重复接地电阻/Ω		防雷接地电阻/Ω	
		规范值	测试值	规范值	测试值	规范值	测试值	规范值	测试值
测试日期				仪器名称		ZC—8 型接地电阻表		自编号	01
天气				测试电工及证号					

第三节　物料提升机的附着与加高

一、附墙架的安装

物料提升机架体的稳定应以刚性附着为主，当建、构筑物到一定的高度，只要一具备条件就应该对架体进行刚性附着，安装附墙架。附墙架应定型化、工具化，宜采用制造商提供的标准附墙架，架体附着点应靠近受力节点，严禁附在立柱中间位置，夹码与立杆连接板距离尽量不大于 250 mm，如图 10-27 所示。附墙架不得连接在脚手架上，附墙架与架体间严禁采用焊接连接，附着杆与建筑物之间的连接应采用预埋螺栓方式或穿墙螺栓。两相邻附着点间距及架体顶与最高附着面的自由高度应严格按使用说明书执行。架体边与建筑物附着点的距离一般不大于 1.5 m。附着撑杆平面与楼面的夹角不大于 8° 。

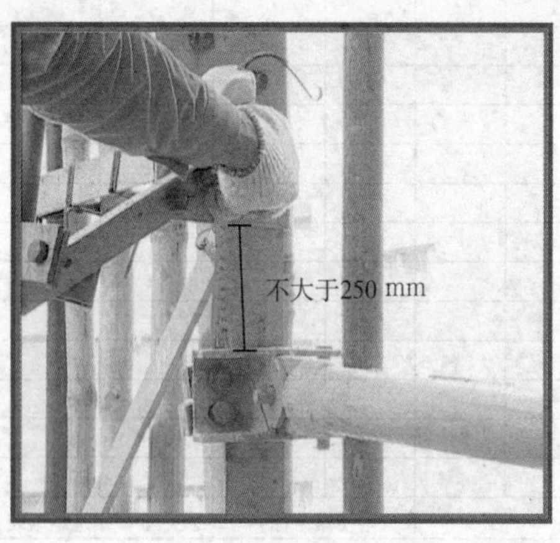

图 10-27　附墙架的安装

二、架体的加高安装

随着施工楼层的加高，提升机不能满足施工需要须增高架体时，首先要安装附墙架才能进行加高作业。

开动吊笼到地面，对重架处于架体顶部，用手拉葫芦将对重架固定在架体上，对重架提升到钢丝绳不受力为止，解除吊笼集绳器上的绳卡，卸下架顶天梁、天梁支承梁，安装加高立杆、横杆、斜杆，加高安装应根据使用说明书要求，严格控制在最大安装高度内，每次加高完毕必须重新调整加高时拆卸的有关部位及校正垂直度，检验合格才能投入正常使用。

架体的加高安装必须遵守下列原则和注意事项：

（1）先安装附墙才能进行架体加高作业。

（2）用手拉葫芦吊起对重或吊笼，才能拆除钢丝绳卡和架体顶部的部件。

（3）架体加高安装后必须加装附墙架。

（4）架体加高安装后必须重新调试检验。

第四节　物料提升机的拆卸

物料提升机的拆卸顺序是安装的逆向顺序，拆卸作业前单位和人员同样须取得相应的特种作业操作资格证，方可上岗作业。拆卸前划定安全警戒线区域，并指定专人负责监护，禁止非安装操作人员进入施工区域。拆卸的物件由卷扬机降下到地面或转移到楼层上，严禁往下抛。架体高度降到附墙架时才能拆卸附墙架。

拆卸的顺序：将吊笼往上提升，对重架降至地面，卸下部分对重块，剩留约 160 kg 对重块。

将吊笼下降，对重架往上提升，吊笼降至地面，按架体安装时的方法，固定拆卸用的卷扬机，在架顶天梁支承横梁对应对重架的上空悬挂滑车，将卷扬机卷筒的钢丝绳通过架顶天梁悬挂的滑轮后固定于对重架上，点动卷扬机，使对重架往上提升到曳引绳不受拉力为止，解除全部曳引绳，开动卷扬机，将对重架降到地面。

利用卷扬机拆卸外导轨，在顶节铺上防滑铁桥，将专用的悬挂吊桥的悬挂钩系于水平杆上，并将吊桥稳固在立柱上（架体高度超过 30 m 应采用自升作业平台进行安装作业），拆卸架体顶滑轮、天梁，将天梁拆卸后降到下一节，把吊装滑车悬挂在架顶天梁上，将卷扬机卷筒上的钢丝绳通过吊装滑车做好运输杆件的准备，拆卸内导轨、斜杆、横杆、立杆，靠小型卷扬机将杆件降到地面上，拆卸附墙架，继续拆卸架体直到地面。

第五节　物料提升机的安装质量验收

物料提升机安装完毕后，必须先进行自检，自检表见表 10-4。自检合格后，再由有资质的检测机构进行安装检测，安装检测合格后会同总承包单位、使用单位、安装单位、设备产权（或出租）单位、监理单位进行验收合格后才能投入使用。

验收的相关规范要求有：

（1）物料提升机安装完毕后，应由工程负责人组织安装单位、使用单位、租赁单位和监理单位等对物料提升机安装质量进行验收，并应按《龙门架及井架物料提升机安全技术规范》（JGJ 88—2010）的附录 B 填写验收记录。

（2）物料提升机验收合格后，应在导轨架明显处悬挂验收合格标志牌［《龙门架及井架物料提升机安全技术规范》（JGJ 88—2010）］。

（3）安装完毕应履行验收程序，验收表格应由责任人签字确认［《建筑施工安全检查标准》（JGJ 59—2011）］。

表 10-4　物料提升机安装自检

序号	项类	部件	检验评定内容及要求	检验评定结果	结论
1	结构	主要受力构件	提升机的架体、传动系统、吊笼立柱、上下承载梁和附墙架等主要受力构件不得有明显变形、可见裂纹、开焊和严重锈蚀、磨损等缺陷		
2		吊笼围护	吊笼门的开启高度不应低于 1.8 m，吊笼门及两侧立面应全高度封闭，采用网板结构时，孔径应小于 25 mm		
3		防护顶棚	提升机的吊笼顶部应设置防护顶棚，防护顶棚应采用坚实的材料		
4		吊笼底板	吊笼底板应防滑、排水，且无破损等缺陷		
5		自升平台	安装高度超过 30 m 的提升机应装设自升平台，具有自升降安拆功能。平台四周应设置防护栏杆和挡脚板。上栏杆高度应为 1.0～1.2 m，下栏杆高度为 0.5～0.6 m；挡脚板高度不应小于 180 mm		
6		导轨	提升机的导轨架不应兼作导轨		
			对重导轨不得采用链条或钢丝绳等柔性物体		
7		导向装置	导向装置应齐全、可靠，吊笼、自升平台应采用滚轮导靴，对重可采用滚轮导靴或滑动导靴		

续表

序号	项类	部件	检验评定内容及要求	检验评定结果	结论
8	结构	钢丝绳防脱装置	滑轮、卷筒或曳引轮应装设钢丝绳防脱装置，该装置与滑轮、卷筒或曳引轮外缘的间隙不应大于钢丝绳直径的20%，且不大于3 mm		
			卷筒两侧挡板边缘超出最外层钢丝绳的高度不应小于钢丝绳直径的2倍		
9	信息标志	产品标牌	应在提升机易于观察的位置设置产品标牌，并应标明产品名称和型号规格、主要性能参数、出厂编号、制造商名称和产品制造日期		
10		限禁标志	应在吊笼的明显部位设置限载标志和禁乘标志		
11		操作标识	在操作位置上应标明控制元件的用途和动作方向，指示信息应易于识别且清晰可见		
12		对重标志	对重应标明其质量，并根据有关规定的要求涂成警告色		
13	电气控制操纵及保护	电气设备防护	电气设备应设有防护措施，能防止外界如雨、雪、泥浆、灰尘等造成的危害		
14		操纵装置	提升机宜设有操纵台。当采用便携式控制装置时，其控制线路电压不应大于36 V，便携式控制装置应密封、绝缘，其引线长度不应大于5 m		
			安装高度超过30 m的提升机应装设操纵台，吊笼应有自动停层功能，停层后吊笼底板与停层平台的垂直高度偏差不应超过30 mm		
15		控制开关	提升机控制开关严禁采用倒顺开关		
16		电气联锁	控制吊笼上、下运行的接触器应电气联锁		
17		电气保护	提升机的总电源应设置短路保护、漏电保护、断相及错相保护装置。电动机的主回路应设置失压、过电流保护装置		

续表

序号	项类	部件	检验评定内容及要求	检验评定结果	结论
18	传动系统	密封性能	提升机的传动系统不应存在滴油现象		
19		卷扬机限用	提升机严禁使用摩擦式卷扬机		
20		对重限用	提升机采用卷扬驱动时，不应使用对重		
			吊笼不允许当作对重使用		
21		制动器设置	传动系统应设有常闭式制动器，不允许采用带式制动器		
22		传动系统自锁功能	自升平台的传动系统应具有自锁功能		
23	作业环境	防护围栏	在提升机的吊笼和对重的升降通道周围应设置地面防护围栏，防护围栏的高度应大于等于 1.5 m		
24		进料口门	提升机地面进料口处应装设进料口门，门上应设有电气安全开关，吊笼应在进料口门关闭后才能启动、运行		
25		进料口防护棚	提升机地面进料口上方应设置防护棚，防护棚顶部应采用坚实的材料		
26		操作机房	提升机应设置操作机房，操作机房应设门、上锁，且应具有防雨功能。操作机房应有足够的操作空间，其顶部应采用坚实的材料		
27		架体外侧防护	提升机架体地面外侧应进行封闭防护		
28		楼层标志	提升机各停层平台处应设置显示楼层的标志		
29		与障碍物安全距离	提升机运动部件与除停层平台以外的建筑物和固定施工设备之间的距离不应小于 0.2 m		

续表

<table>
<tr><th>序号</th><th>项类</th><th>部件</th><th colspan="3">检验评定内容及要求</th><th>检验评定结果</th><th>结论</th></tr>
<tr><td rowspan="6">30</td><td rowspan="6">作业环境</td><td rowspan="6">与输电线安全距离</td><td rowspan="6">提升机任何部件与外电架空线路的边线之间的距离应符合右表规定，否则必须采取安全防护措施</td><td>线路电压/kV</td><td>安全距离/m</td><td></td><td rowspan="6"></td></tr>
<tr><td><1</td><td>≥4</td><td></td></tr>
<tr><td>1～10</td><td>≥6</td><td></td></tr>
<tr><td>35～110</td><td>≥8</td><td></td></tr>
<tr><td>154～220</td><td>≥10</td><td></td></tr>
<tr><td>330～550</td><td>≥15</td><td></td></tr>
<tr><td>31</td><td rowspan="4">基础</td><td>基础强度</td><td colspan="3">提升机基础的混凝土强度等级应符合制造商或设计方案的要求，且不低于C20</td><td></td><td></td></tr>
<tr><td rowspan="2">32</td><td rowspan="2">基础制作</td><td colspan="3">实际制作的混凝土基础应与使用说明书或设计方案的规定一致</td><td></td><td rowspan="2"></td></tr>
<tr><td colspan="3">基础应平整，周围有排水措施</td><td></td></tr>
<tr><td>33</td><td>底架连接固定</td><td colspan="3">提升机底架与基础之间的连接固定应符合使用说明书或安装方案的要求，且不得使用膨胀螺栓或采用将钢筋预埋并与底架焊接的连接固定方式</td><td></td><td></td></tr>
<tr><td>34</td><td rowspan="3">结构件安装与连接</td><td>垂直度偏差</td><td colspan="3">提升机架体轴心线对水平基准面的垂直度偏差不应大于架体高度的1.5‰</td><td></td><td></td></tr>
<tr><td>35</td><td>导轨阶差</td><td colspan="3">提升机架体安装时导轨结合面对接应平直，错位形成的阶差应满足：吊笼导轨不大于1.5 mm；对重导轨、防坠器导轨不大于0.5 mm</td><td></td><td></td></tr>
<tr><td>36</td><td>销轴连接</td><td colspan="3">提升机结构件安装连接采用销轴时，其规格及数量应符合使用说明书或设计的要求，且无有缺件、可见裂纹、严重磨损等缺陷，其轴向定位装置应规范、可靠</td><td></td><td></td></tr>
</table>

续表

序号	项类	部件	检验评定内容及要求	检验评定结果	结论
37	结构件安装与连接	螺栓连接	提升机结构件安装连接采用螺栓时，其型号、规格及数量应符合使用说明书或设计的要求，且无缺件、损坏等缺陷。高强度螺栓应有相应的性能等级标志，其连接固定应使用双螺母或采取其他能防止螺母松动的措施，螺杆螺纹露出部分应不少于1扣		
38		架体开口加强措施	井架式提升机的架体，在与各停层平台相连接的开口处应采取加强措施，且与任一层停层平台相连接的开口不得超过一处		
39		架体安装高度	提升机架体的安装高度超过设计的最大独立高度时，必须安装附墙架或装设缆风绳。架体安装高度大于或等于 30 m 时，严禁使用缆风绳		
			提升机架体的安装高度不得超过设计的最大高度		
40		附着尺寸参数	提升机的附着距离、附墙架间距、导轨架自由端高度均应符合使用说明书的规定，否则必须提供经制造商认可的专项方案		
41		附墙架安装连接	附墙架的结构形式应符合使用说明书、专项方案或JGJ88的规定。附墙架的材质应与架体相一致。附墙架与架体及建筑物之间，均应采用刚性连接，并形成稳定结构，不得连接在脚手架上。各连接件如螺栓、销轴等必须齐全，不应缺件或松动。附墙架与架体间严禁采用焊接连接，与建筑物之间不应采用膨胀螺栓连接。与附墙架相连接的附着物不应有裂纹或损坏		
42		摇臂把杆限用	提升机禁止装设、使用摇臂把杆		

续表

序号	项类	部件	检验评定内容及要求	检验评定结果	结论
43	缆风绳与地锚	缆风绳选用	当架体安装高度小于 30 m，安装条件受到限制无法装设附墙架时，应采用钢丝绳作缆风绳稳固架体，钢丝绳直径不应小于 8 mm		
44		缆风绳设置	架体安装高度不超过 20 m 时，缆风绳不应少于 1 组；架体安装高度在 21～30 m 时，缆风绳不应少于 2 组。每一组缆风绳不应少于 4 根		
			同组缆风绳与架体的连接点应在同一水平高度，且应对称设置；缆风绳与架体的连接处应采取防止缆风绳受剪破坏的措施		
			龙门架式提升机的缆风绳宜设在架体顶部，若中间设置缆风绳时，应采取增加导轨架刚度的措施		
			缆风绳与水平面的夹角应在 45°～60°，并应采用与缆风绳等强度的花篮螺栓与地锚连接。缆风绳下端不得拴在树木、电杆或堆放构件等物体上		
45		地锚	缆风绳的地锚应根据提升机的安装高度及土质情况，经设计、计算确定		
			架体安装高度不超过 30 m 时，可采用桩式地锚，并应符合下列要求：采用钢管时，规格不小于 ϕ48 mm×3.5 mm，采用角钢时，规格不小于 75 mm×6 m，且数量不少于 2 根；并排设置，间距不小于 0.5m，打入深度不小于 1.7 m；顶部应设有防止缆风绳滑脱的装置		
46	停层吊笼及对重	平台门设置	各停层平台处应设置常闭的平台门，平台门应不能向吊笼运行通道一侧开启，且不得突出到吊笼的升降通道上		
			平台门必须装设与吊笼电气或机械联锁的装置，且动作灵敏、可靠		

续表

序号	项类	部件	检验评定内容及要求	检验评定结果	结论
47	停层吊笼及对重	平台门尺寸	平台门应定型化、工具化，且应符合下列要求： (1) 平台门宽度与吊笼门宽度之差不应大于 200 mm。 (2) 平台门下部与停层平台上表面的垂直距离不应大于 50 mm。 (3) 平台门高度不应小于 1.8 m，且与平台口外边缘的水平距离不应大于 200 mm		
48		停层平台搭设	停层平台应独立搭设，不得支承在提升机架体上，不得向架体倾斜。停层平台或通道的脚手板铺设应严密、牢固		
			停层平台外边缘与吊笼门外缘的水平距离不应大于 100 mm		
49		停层平台侧边防护	停层平台或通道两侧应设置护栏和踢脚板，护栏高度为 1.0～1.2 m，中间应设横栏杆，踢脚板高度不小于 180 mm，且应自上而下加挂安全立网或满扎竹笆		
50		对重防护	当对重使用填充物或金属块时，应采取固定措施防止其窜动；当使用散粒物料作对重时应采用对重箱，对重箱应防水，保证重量准确、稳定		
51	机构及零部件	钢丝绳数量	采用卷扬驱动的提升机，提升吊笼的钢丝绳不得少于 2 根，且相互独立		
			采用曳引驱动的提升机，悬挂吊笼和对重的钢丝绳不得少于 2 根，且相互独立		
52		钢丝绳型号规格	钢丝绳应符合设计要求和标准规范的规定，并有产品检验合格证		
53		钢丝绳端部固定	采用楔块、楔套连接时，楔套应用钢材制造。楔套不应有裂纹，楔块不应松动，紧固件齐全		
			采用压板固定时，压板数量不应少于 2 个，钢丝绳尾端的固定装置应有防松或自紧的性能		

续表

<table>
<tr><th>序号</th><th>项类</th><th>部件</th><th colspan="3">检验评定内容及要求</th><th>检验评定结果</th><th>结论</th></tr>
<tr><td rowspan="7">53</td><td rowspan="12">机构及零部件</td><td rowspan="7">钢丝绳端部固定</td><td colspan="3">采用金属压制接头固定时，接头不应有裂纹</td><td></td><td rowspan="7"></td></tr>
<tr><td rowspan="6">采用绳夹连接时，绳夹规格应与绳径匹配，绳夹数量应符合右表的规定，绳夹夹座应在受力绳头一边，每两个绳夹的间距不应小于钢丝绳直径的6倍</td><td>钢丝绳公称直径/mm</td><td>钢丝绳夹最少数量/个</td><td></td></tr>
<tr><td>≤19</td><td>3</td><td></td></tr>
<tr><td>19～32</td><td>4</td><td></td></tr>
<tr><td>32～38</td><td>5</td><td></td></tr>
<tr><td>38～44</td><td>6</td><td></td></tr>
<tr><td>44～60</td><td>7</td><td></td></tr>
<tr><td>54</td><td>张力平衡装置</td><td colspan="3">至少在悬挂钢丝绳的一端应设有一个调节装置用来平衡各绳的张力</td><td></td><td></td></tr>
<tr><td rowspan="2">55</td><td rowspan="2">钢丝绳排列及安全圈数</td><td colspan="3">钢丝绳在卷筒上应排列整齐</td><td></td><td rowspan="2"></td></tr>
<tr><td colspan="3">当吊笼停止在最低位置时，留在卷筒上的钢丝绳不应少于3圈</td><td></td></tr>
<tr><td>56</td><td>钢丝绳使用</td><td colspan="3">提升钢丝绳应设防护槽，槽内设滚动托架，且应采用钢板网将槽口封盖，钢丝绳不得拖地或浸泡在水中</td><td></td><td></td></tr>
<tr><td>57</td><td>钢丝绳缺陷</td><td colspan="3">钢丝绳不得编织接长，且不应存有下列缺陷：（1）绳股断裂；（2）扭结；（3）压扁；（4）弯折；（5）波浪形变形；（6）笼状畸变；（7）绳股挤出；（8）钢丝挤出；（9）绳径局部增大；（10）绳径减小，钢丝绳直径相对于公称直径减小达7%或更多时；（11）外部腐蚀；（12）内部腐蚀；（13）热力作用损坏；（14）严重断丝，绳端断丝，断丝局部聚集</td><td></td><td></td></tr>
</table>

续表

序号	项类	部件	检验评定内容及要求	检验评定结果	结论
58	机构及零部件	提升机构安装固定	卷扬机或曳引机应采用地脚螺栓与基础固定牢固；当采用地锚固定时，其前端应设置固定止挡		
59		卷筒缺陷	卷筒不应存有裂纹、轮缘破损、严重磨损等缺陷		
60		曳引轮缺陷	曳引机应工作正常。曳引轮轮槽不应有严重不均匀磨损，磨损不应改变槽形，钢丝绳与槽底不应接触		
61		滑轮连接	滑轮与吊笼或架体之间应采用刚性连接，严禁采用钢丝绳、铅丝等柔性连接或使用开口拉板式滑轮		
62		制动器缺陷	制动器不应存有下列缺陷： （1）缺件；（2）可见裂纹；（3）过度磨损；（4）塑性变形；（5）漏油		
63	电缆敷设接地照明	开关箱	提升机应设置专用开关箱，开关箱应设在操作机房附近便于操作的位置		
			开关箱内应装设隔离开关、断路器或熔断器，以及剩余电流动作保护器，且动作正常、可靠		
64		电缆敷设	提升机供电电缆应采用五芯电缆，电缆、电线的敷设应平直、整齐，固定可靠，并能防止机械损伤		
65		工作照明	提升机装设工作照明时，工作照明的开关应与主电源开关相互独立，且设有明显标志，当主电源被切断时，工作照明不应断电		

续表

序号	项类	部件	检验评定内容及要求	检验评定结果	结论
66	电缆敷设接地照明	接地保护	提升机金属结构和电气设备的金属外壳、导线的金属保护管及金属线槽等均应可靠接地，对于保护接零系统，重复接地或防雷接地的接地电阻应不大于 10 Ω；对于保护接地系统的接地电阻应不大于 4 Ω		
			接地线严禁作载流回路，且应与供电线路的零线严格分开		
67		绝缘电阻	提升机电气设备的对地绝缘电阻应≥0.5 MΩ		
			电气线路的对地绝缘电阻应≥1.0 MΩ		
68	安全装置及其性能	吊笼防坠安全装置	齿轮齿条式物料提升机或安装高度超过 30 m 的钢丝绳式物料提升机的吊笼必须装设渐进式防坠安全器		
			安装高度不超过 30 m 的钢丝绳式物料提升机的吊笼至少应装有断绳保护装置，当提升机额定提升速度大于 0.85 m/s 时，该装置应是非瞬时式的		
69		安全停层装置	仅装有断绳保护装置的钢丝绳式物料提升机的吊笼应装有安全停层装置，该装置应为刚性机构		
70		对重防坠安全装置	提升机的对重下方不应有施工空间或通道，否则对重应装设兼有限速、防坠双重功能的防坠安全装置		
71		自升平台安全装置	自升平台应采用渐进式防坠安全器		
			自升平台应有刚性的停靠装置		
72		防脱轨保护	提升机的吊笼、对重应装设防脱轨保护装置		
73		缓冲器	提升机应装设吊笼和对重用的缓冲器，缓冲器应能承受吊笼及对重下降时的相应冲击载荷		

续表

序号	项类	部件	检验评定内容及要求	检验评定结果	结论
74	安全装置及其性能	上限位开关	提升机必须装设上限位开关，上极限开关应安装在吊笼允许提升的最高工作位置。当吊笼上升到限定位置时，触发限位开关，吊笼被制停，上部越程距离应不小于 3 m		
75		下限位开关	提升机应装设下限位开关，其安装位置应保证吊笼在碰到缓冲器之前限位开关先动作。当吊笼下降至限定位置时，触发限位开关，吊笼被制停		
76		超载保护	提升机应装设超载保护装置。当荷载达到额定载重量的 90%时，应发出警示信号；当荷载达到额定载重量的 110%时，应切断上升主电路电源		
77		紧急断电开关	在提升机的操纵台（含便携式控制装置）上便于司机操作的位置应装设非自动复位型的紧急断电开关，且动作灵敏、可靠		
78		视频对讲系统	提升机必须装设闭路电视系统和双向通信对讲系统		
79	整机性能	空载试验	操作系统、控制系统应灵活、可靠		
			各安全装置应动作灵敏、可靠		
			机构应运行平稳、准确，启动和制动正常，无异常声响，不得有振颤、冲击等现象，在全行程范围内运行无任何障碍		
80		额定载荷试验	操作系统、控制系统应灵活、可靠		
			各安全装置应动作灵敏、可靠		
			机构应运行平稳、准确，启动和制动正常，无异常声响，不得有振颤、冲击等现象		

第六节　物料提升机技术标准及安装、拆卸工安全操作规程

一、物料提升机技术标准

1. 结构设计要求

（1）主柱换算长细比不应大于 120，单肢长细比不应大于构件两方向长细比的较大值的 0.7。

（2）一般受压杆件的长细比不应大于 150。

（3）受拉杆件的长细比不宜大于 200。

（4）受弯构件中主梁的挠度不应大于 $L/700$，其他受弯构件不应大于 $L/400$（L 为受弯构件计算长度）。

（5）采用螺栓连接的构件，不得采用 M12 以下、强度等级低于 8.8 级的螺栓，每一杆件的节点以及接头的一边，螺栓数不得少于 2 个。

（6）井架式提升机的架体，在与各楼层通道相接的开口处，应采取加强措施。

（7）提升机体顶部的自由高度不宜大于 6 m（有制造商说明书的按制造商说明书规定的自由高度设置）。

（8）提升机的天梁应使用型钢，宜选用两根槽钢，其截面高度应经计算确定，但不得小于 2 根［14 的槽钢。

（9）提升机架体的各杆件应选用型钢。杆件连接板的厚度不得小于 6 mm。吊笼的结构架除按设计制作外，其底板材料可采用 50 mm 厚木板，当使用钢板时，应有防滑措施，厚度不小于 1.5 mm。

吊笼内净高度不应小于 2 m，吊笼门及两侧立面应全高度封闭并设置不小于 180 mm 的底部挡脚板。吊笼门及两侧立面宜采用网板结构，吊笼门开启高度不应低于 1.8 m。吊笼顶部宜采用厚度不小于 1.5 mm 的冷轧钢板，并应设置钢骨架。

（10）吊笼的导靴应采用滚轮导靴。

2. 提升机构

（1）提升机宜选用曳引机或双卷筒的卷扬机，但不得选用摩擦式卷扬机。

（2）卷筒两端的凸缘至最外层钢丝绳的距离，不应小于钢丝绳直径的 2 倍。卷筒边缘必须设置防止钢丝绳脱出的防护装置。

（3）卷筒与钢丝绳直径的比值应不小于 30。

（4）滑轮组的滑轮直径与钢丝绳直径比值：低架提升机不应小于 25；高架提升机不应小于 30。

（5）滑轮应选用滚动轴承支承。滑轮组与架体应采用刚性连接，严禁采用钢丝绳、铅丝等柔性连接和使用开口拉板式滑轮。

（6）提升钢丝绳不得接长使用。端头与卷筒应用压紧装置卡牢，在卷筒上应能按顺序整齐排列。当吊笼处于工作最低位置时，卷筒上的钢丝绳应不少于 3 圈。

（7）钢丝绳端部的固定当采用绳卡时，绳卡应与绳径匹配，其数量不得少于 3 个，间距不小于钢丝绳直径的 6 倍。绳卡滑鞍放在受力绳的一侧，不得正反交错设置绳卡。

（8）钢丝绳应符合《圆股钢丝绳》的规定，并有合格证。

3. 安全防护装置要求

（1）安全停层装置。吊笼运行到位时，安全停层装置将吊笼定位。该装置应能可靠地承担吊笼自重、额定荷载及运料人员和装卸物料时的工作荷载。

（2）防坠安全器。当吊笼提升钢丝绳断绳时，防坠安全器应制停带有额定起重量的吊笼，且不应造成结构损坏。

（3）进料口门。进料口门的开启高度不应小于1.8 m，强度为任意500 mm^2的面积上作用300 N的力，在边框任意一点作用1 kN的力时，不应产生永久变形；进料口门应装有电气安全开关，吊笼应在进料口门关闭后才能启动。

（4）平台门。平台门应采用工具式、定型化，强度应符合第（3）点规定；平台门高度不宜小于1.8 m，宽度与吊笼门宽度差不应大于200 mm，并应安装在台口外边缘处，与台口外边缘的水平距离不应大于200 mm；平台门下边缘以上180 mm内应采用厚度不小于1.5 mm钢板封闭，与台口上表面的垂直距离不宜大于20 mm；平台门应向停层平台内侧开启，并应处于常闭状态。

（5）进料口防护棚。防护棚应设在提升机架体地面进料口上方。其长度不应小于3 m，宽度应大于吊笼宽度。顶部强度为在任意0.01 m^2面积上作用1.5 kN的力时不应产生永久变形。可采用厚度不小于50 mm的木板搭设。

（6）上限位开关。该装置应安装在吊笼允许提升的最高工作位置。吊笼的越程（指从吊笼的最高位置与天梁最低处的距离）应不小于3 m。当吊笼上升达到限定高度时，触发限位开关，吊笼被制停。

（7）紧急断电开关应为非自动复位型。紧急断电开关应设在便于司机操作的位置，在紧急情况下，应能及时切断提升机的总控制电源。

（8）信号装置。该装置是由司机控制的一种音响装置，其音量应能使各楼层使用提升机装卸物料人员清晰听到。

（9）下极限位器。该限位器安装位置，应满足在吊笼碰到缓冲器之前限位器能够动作，当吊笼下降达到最低限定位置时，限位器自动切断电源，使吊笼停止下降。

（10）缓冲器。在架体的底坑里应设置缓冲器，当吊笼以额定荷载和规定的速度作用到缓冲器上时，应能承受相应的冲击力。缓冲器的型式，可采用弹簧或弹性实体。

（11）超载限制器。当荷载达到额定荷载的90%时，应能发出报警信号。荷载超过额定荷载时，切断起升电源。

（12）通信装置。当司机不能清楚地看到操作者和信号指挥人员时，必须加装通信装置。通信装置必须是一个闭路的双向电气通信系统，司机应能听到每一站的联系，并能向每一站讲话。

4. 电气

（1）提升机的总电源应设短路保护及漏电保护装置；电动机的主回路上，应同时装设短路、失压、过电流保护装置。

（2）电气设备的绝缘电阻值必须大于0.5 MΩ；电气线路的绝缘电阻值不应小于1 MΩ。

（3）提升机的金属结构及所有电气设备的金属外壳应接地，其接地电阻不应大于10 Ω。

（4）当提升机高度超出相邻建筑物的避雷装置的保护范围时，应按《施工现场临时用电安全技术规范（附条文说明）》（JGJ 46—2005）中第5.4.2条规定的条件安装避雷装置，其接地电阻不应大于10 Ω。

（5）携带式控制装置应密封、绝缘，控制回路电压不应大于36 V，其引线长度不得超过5 m。

（6）工作照明的开关，应与主电源开关相互独立。当提升机主电源被切断时，工作照明不应断电。各自的开关应有明显标志。

（7）禁止使用倒顺开关作为卷扬机的控制开关。

5. 基础、附墙架、缆风绳及地锚

（1）高架提升机的基础应进行设计，基础应能可靠地承受作用在其上的全部荷载。基础的埋深与做法，应符合设计和提升机出厂使用规定。

（2）低架提升机的基础，当无设计要求时，应符合下列要求：

①土层压实后的承载力，应不小于 80 kPa。

②浇注 C20 混凝土，厚度 300 mm。

③基础表面应平整，水平度偏差不大于 10 mm。

（3）基础应有排水措施。距基础边缘 5 m 范围内，开挖沟槽或有较大振动的施工时，必须有保证架体稳定的措施。

（4）提升机附墙架宜采用制造商提供的标准附墙架，当标准附墙架结构尺寸不能满足要求时，可经设计计算采用非标附墙架，应符合下列规定：

①附墙架的材质应与导轨架相一致。

②附墙架与导轨架及建筑结构采用刚性连接，不得与脚手架连接。

③附墙架间距、自由端高度不应大于使用说明书的规定值。

（5）当提升机受到条件限制无法设置附墙架时，应采用缆风绳稳固架体。高架提升机在任何情况下均不得采用缆风绳。

（6）提升机的缆风绳应经计算确定（缆风绳的安全系数 n 取 3.5）。缆风绳应选用圆股钢丝绳，直径不得小于 9.3 mm。提升机高度在 20 m 以下（含 20 m）时，缆风绳不少于 1 组（4～8 根）；提升机高度为 21～30 m 时，不少于 2 组。

（7）缆风绳应在架体四角有横向缀件的同一水平面上对称设置，使其在结构上引起的水平分力，处于平衡状态。缆风绳与架体的连接处应采取措施，防止架体钢材对缆风绳的剪切破坏。对连接处的架体焊缝及附件必须进行设计计算。

（8）龙门架的缆风绳应设在顶部。若中间设置临时缆风绳时，应在此位置将架体两立柱做横向连接，不得分别牵拉立柱的单肢。

（9）缆风绳与地面的夹角不应大于 60°，其下端应与地锚连接，不得拴在树木、电杆或堆放构件等物体上。

（10）缆风绳与地锚之间，应采用与钢丝绳拉力相适应的花篮螺栓拉紧。缆风绳垂直度不大于 0.01L（L 为长度），调节时应对角进行，不得在相邻两角同时拉紧。

（11）当缆风绳须改变位置时，必须先做好预定位置的地锚，并加临时缆风绳确保提升机架体的稳定，方可移动原缆风绳的位置；待与地锚拴牢后，再拆除临时缆风绳。

（12）在安装、拆除以及使用提升机的过程中设置的临时缆风绳，其材料也必须使用钢丝绳，严禁使用铅丝、钢筋、麻绳等代替。

（13）缆风绳的地锚，根据土质情况及受力大小设置，应经计算确定。

（14）缆风绳的地锚，一般宜采用水平式地锚。当土质坚实，地锚受力小于 15 kN 时，也可选用桩式地锚。

（15）当地锚无设计规定时，其规格和形式可按缆风绳的安装实行。

（16）地锚的位置应满足对缆风绳的设置要求。

二、安装、拆卸工安全操作规程

（1）安装、拆卸人员，必须熟悉物料提升机的性能和结构情况，并经专业技术培训，取得主管部门颁发的证书后，方可独立指挥操作。

（2）安装、拆卸工，必须年满 18 周岁，身体健康，视力，听力正常，无不宜高空作业疾病和生理缺陷，并经专业技术培训，取得主管部门颁发证书，方能参加安装作业。

（3）所有操作人员必须佩戴安全帽和安全带。

（4）安装、拆卸操作人员在作业时，必须精神集中，精心操作，严禁酒后作业。

（5）安装、拆卸人员必须服从现场指挥员的指挥，指挥员、操作人员和司索工都要遵守“十不吊”制度。

（6）物料提升机安装时，要严格按照产品使用说明书所规定的程序进行。

（7）物料提升机安装时，各连接部必须保证螺栓拧紧，各种安全装置要装齐、装好。

（8）物料提升机在达到 20 m 以下高度时，应至少设一组缆风绳，达到 21～30 m 时，不少于 2 组缆风绳。

（9）物料提升机安装完毕，要对架体垂直度进行检查，使其符合《龙门架与井架物料提升机安全技术规范》（JGJ 88—2010）。

（10）物料提升机安装完工后，应按要求严格验收。

第十一章　物料提升机安装后的自行检查、维护保养常识

第一节　物料提升机使用前的自行检查

一、物料提升机安装后的单位自行检查

物料提升机在使用单位安装后首先应进行自行检查，自检中应包含以下内容：

（1）检查基础有无验收资料。检查基础表面是否平整、有无积水。

（2）金属结构有无开焊和明显变形。

（3）架体各节点连接螺栓是否紧固。

（4）附墙架缆风绳地锚位置和安装情况。

（5）架体的安装精度是否符合要求。

（6）安全防护装置是否灵敏可靠。

（7）提升主机的位置是否合理。

（8）电气设备及操作系统的可靠性。

（9）视频监控装置的使用效果是否清晰。

（10）钢丝绳滑轮组的固接情况。

（11）提升机与输电线路的安全距离及防护情况。

二、委托有资质单位检验

物料提升机安装后应由使用单位委托有资质的第三方单位按《龙门架与井架物料提升机安全技术规范》（JGJ 88—2010）和设计规定进行检验，检验合格后发给使用单位检验合格报告后方可交付使用。

第二节　物料提升机维护保养常识

为保证物料提升机能正常运转，防止事故发生，必须要建立维护保养制度。

一、维护保养注意事项

（1）维修保养时应将所有控制开关扳至零位切断主电源并在闸箱处挂“禁止合闸”标志，必要时应设专人监护。

（2）提升机处于工作状态时不得进行保养、维修，排除故障应在停机后进行。

（3）维修和保养提升机架体顶部时应搭设上人平台并应符合高处作业要求。

二、物料提升机日常检查保养

在运行使用过程中，除定期维护保养外，使用单位还应负责对设备本身及其安全保护装置、吊具、索具等进行日常检查、维护、保养管理工作。日常检查内容有：

（1）检查地锚与缆风绳的连接有无松动。

（2）空载检查。

（3）检查制动器。

（4）安全停靠装置和断绳保护装置的可靠性。

（5）检查吊笼运行通道内有无障碍物。

（6）作业司机的视线或通信视频装置的使用效果是否清晰良好。

（7）作业司机要做好当班的交接班手续。

三、物料提升机的定期维护保养

定期维护保养应根据物料提升机实际作业时间和设备的状况确定，其保养间隔周期一般每月不少于1次，施工高峰期、使用频率较高时，应相应增加维护保养次数。物料提升机定期维护保养、定期检查的部位及方法要求如下：

1. 基础排水设施及基座螺栓松紧的检查

（1）基础排水设施。

检查部件：架体与主机的基础部位。

检查方法及要求：采用目测检查。基础部位相对周边地面较低的，应有拦水围基，并设置抽水泵，严禁基础部位积水。

（2）基础与底座螺栓紧固状态。

检查部件：主机、架体的基础与底座。

检查方法及要求：采用目测检查，检查连接的螺母是否紧贴底座钢板，并不得漏装螺母。

2. 安全停层装置、起重量限制器、防坠安全器装置的检查

（1）检查部件：安全停层装置。

检查方法及要求：操控检查。安全停层装置应与吊笼门机械联动，吊笼停靠楼层后，手动打开该吊笼门时，安全停层装置的支承刀应进入可靠位置。

（2）检查部件：起重量限制器。

检查方法及要求：当荷载达到额定起重量的 90%时，限制器应发出警报信号；当荷载达到额定荷载大于 100%时，限制器应切断上升主电路电源，使吊笼制停。

（3）检查部件：防坠安全器。

检查方法及要求：当吊笼提升钢丝绳意外断绳时，防坠安全器应制停带有额定起重量的吊笼，且不应造成结构破坏。防坠安全器每月必须在距地面 10 m 左右进行额定载荷的模拟断绳坠落试验一次。

3. 电气系统、急停开关及极限开关的检查

（1）检查部件：控制台。

检查方法及要求：操控检查。选用自动停层系统，检查停层是否准确可靠。运行中按急停按钮，检查是否停总接触器。急停按钮应为非自动复位。

（2）检查部件：电气系统的主电路、二次线路。

检查方法及要求：目测检查电控箱应干净、干燥，主触头无烧损，仪表测量主电路和控制电路的对地绝缘电阻和相间绝缘电阻应不小于 0.5 mΩ。

（3）检查部件：层门报警系统。

检查方法及要求：操控检查。层门没有全关闭时不能启动运行，运行时有层门突然打开，主机及时停止，并报警系统发出不少于 80 dB（分贝）的报警讯响。报警系统应在吊笼处于停靠的楼层打开层门不报警，但显示该层门打开，凡非吊笼正常停靠的楼层门打开，报警系统均应发出报警讯响，并显示所有打开的层门指示。

（4）检查部件：监视系统。

检查方法及要求：目测检查。停层及运行时监视器应能清晰观察到吊笼内与层门口的状况。操控检查。上、下对讲音质应清晰响亮。

（5）检查部件：急停开关。

检查方法及要求：操控检查。按下急停开关，应能及时切断提升机的总控制电源，不能只切断上升或下降的接触器，此时按动总启动、上升、下降均不能动作。急停开关应为非自动复位，颜色为红色。

（6）检查部件：上、下限位、极限开关。

检查方法及要求：操控检查。慢速开动吊笼到各限位及极限位置，检查各功能是否实现。限位开关为自动复位，极限开关为非自动复位。上限位动作后，吊笼能下不能上，下限位反之。上、下极限动作后，吊笼上、下均不能运行，靠手动复位后才能运行。

4. 层门的机械或电气联锁的维护检查

检查部件：井字架的层间门。

检查方法及要求：操控检查。①机械联锁应为：当吊笼处于非停靠的楼层，该楼层的层间门不能打开；②电气联锁是没有关闭全部层间门时，吊笼不能启动。当吊笼运行时，若某一层间门打开，吊笼即断电停止运行。

5. 钢丝绳磨损与润滑的检查及保养检查

检查部件：钢丝绳。

检查方法及要求：目测检查。钢丝绳应润滑良好，不应与金属结构摩擦，不得出现以下情形：

（1）绳股断裂。

（2）扭结。

（3）压扁。

（4）弯折。

（5）波浪形变形。

（6）笼状畸变。

（7）绳股挤出。

（8）钢丝挤出。

（9）绳径局部增大。

（10）外部腐蚀。

（11）内部腐蚀。

（12）热力作用损坏。

尺量检查不得出现以下情形：

（1）钢丝绳直径相对于公称直径减小达7%或更多时。

（2）严重断丝，断丝数达到或超过表11-1的规定。

表11-1　圆股钢丝绳中断丝根数的控制标准

外层绳股承载钢丝数/n	钢丝绳典型结构示例[①]	起重机用钢丝绳必须报废时与疲劳有关的可见断丝数							
		机构工作级别							
		M1、M2、M3、M4				M5、M6、M7、M8			
		交互捻		同向捻		交互捻		同向捻	
		长度范围				长度范围			
		≤6 d	≤30 d	≤6 d	≤30 d	≤6 d	≤30 d	≤6 d	≤30 d
n≤50	6×7	2	4	1	2	4	8	2	4
51≤n≤75	6×19S	3	6	2	3	6	12	3	6
76≤n≤100		4	8	2	4	8	16	4	8
101≤n≤120	8×19S，6×25Fi	5	10	2	5	10	19	5	10

续表

外层绳股承载钢丝数/n	钢丝绳典型结构示例①	起重机用钢丝绳必须报废时与疲劳有关的可见断丝数							
		机构工作级别							
		M1、M2、M3、M4				M5、M6、M7、M8			
		交互捻		同向捻		交互捻		同向捻	
		长度范围				长度范围			
		≤6 d	≤30 d	≤6 d	≤30 d	≤6 d	≤30 d	≤6 d	≤30 d
121≤n≤140		6	11	3	6	11	22	6	11
141≤n≤160	8×25Fi	6	13	3	6	13	26	6	13
161≤n≤180	6×36WS	7	14	4	7	14	29	7	14
181≤n≤200		8	16	4	8	16	32	8	16
201≤n≤220	6×41WS	9	18	4	9	18	38	10	19
221≤n≤240	6×37	10	19	5	10	19	38	10	19
241≤n≤260		10	21	5	10	21	42	10	21
261≤n≤280		11	22	6	11	22	45	11	22
281≤n≤300		12	24	6	12	24	48	12	24
n>300		0.04n	0.08n	0.02n	0.04n	0.08n	0.16n	0.04n	0.08n

注：① 详见标准：《重要用途钢丝绳》（GB 8918—2006）和《钢丝绳通用技术条件》（GB/T 20118—2017）。

6. 架体及附着件处连接紧固及缆风绳的检查

（1）结构杆件的锈蚀与变形。

1）杆件的锈蚀：

检查部件：架体杆件。

检查方法及要求：尺量检查，采用深度游标卡尺，测量最大锈蚀深度不应大于原母材厚度的 10%。

2）杆件变形：

检查部件：架体杆件。

检查方法及要求：外观检查，杆件不得有扭曲变形，变形量采用尺量检查，螺栓孔应无塑性变形。

（2）各连接点紧固状态。

检查部件：杆件连接部位、附着架与楼层连接部位。

检查方法及要求：目测检查。检查杆件连接的螺母、螺栓头是否紧贴角钢和连接板面，不得漏装螺栓、螺母。

（3）进出料口杆件状况对架体刚性的影响。

检查部件：进出料口。

检查方法及要求：外观检查，架体的斜杆水平杆不得连续拆卸2节作为进出料口，若须拆除横杆，应在进出料口的下部增补加强横梁。

（4）附着装置情况。

检查部位：附着杆、杆与楼层的连接耳板，杆与架体的连接夹码。

检查方法及要求：目测检查。附着杆件、耳板、夹码不得变形，紧固螺栓不应有松动。尺量检查。附着杆与水平面之间的倾斜角不得超过8°。

（5）缆风绳与锚固点的情况。

1）检查部位：缆风绳。

检查方法及要求：目测检查。低架若不能安装附墙架时，应设置缆风绳，但只要具备条件，就应该安装附墙架。31 m以上的高架必须安装附墙架，不能设置缆风绳。

缆风绳的具体要求：

①物料提升机高度小于20 m时，缆风绳不少于1组，每组4～8根；物料提升机提升高度在21～30 m时，缆风绳不少于2组。

②缆风绳应选用圆股钢丝绳，直径不得小于9.3 mm。严禁使用铅丝、钢筋、麻绳等代替钢丝绳作缆风绳。

③缆风绳下端不得拴在树木、电杆或堆放构件等物体上，应与地

锚连接，而且采用与钢丝绳拉力相适应的花篮螺栓拉紧。缆风绳垂度应不大于其长度的0.01倍。缆风绳与地面的夹角应为45°～60°。

2）检查部位：地锚。

检查方法及要求：尺量检查。

地锚必须牢固可靠。缆风绳地锚应经设计、计算确定。无设计规定时的水平地锚或桩式地锚制作应按本书第十章的表10-2规定制作：

桩式地锚：采用木单桩时，圆木直径不小于200 mm，埋深不小于1.7 m，并在桩的前上方和后下方设两根横挡木。采用脚手钢管（ϕ48）或角钢（L75×6）时，不少于2根；并排设置，间距不小于0.5 m；打入深度不小于1.7 m；桩顶部应有缆风绳的防滑措施。

7. 制动器与传动装置的维护检查

（1）制动系统。

检查部件：制动器的弹簧、制动块。

检查方法及要求：目测检查。当电磁铁闭合时，弹簧的线间隙约5mm为宜，确保其制动力矩。制动器通电后手摇制动架目测检查制动块是否与制动轮充分分离。停电后尺量检查。制动块磨损量不得超过原壁厚的1/3。

（2）主机部分。

1）联轴器。

检查部件：异形连接螺栓螺母、弹性胶圈。

检查方法及要求：目测检查。半联轴器的异形连接螺栓紧固螺母不得松动与漏装。尺量检查。弹性胶圈磨损不应大于原尺寸的15%，电动机与减速器输入轴的同心度不大于0.5°。

2）减速器。

检查部件：箱体、齿轮。

检查方法及要求：目测检查。箱体不应有裂纹，漏油，箱座固定螺栓齐全紧固。打开检查盖板，尺量检查齿轮齿面磨损不大于原齿厚的15%。抽出油尺检查箱体内润滑油是否处于刻线内。

3）卷筒或曳引轮。

检查部件：卷筒或曳引轮。

检查方法及要求：

——卷筒：

目测检查：钢丝绳在卷筒上应能按顺序整齐排列。卷筒不应有裂纹；轮缘不得破损。

尺量检查：

①卷筒壁壁厚磨损量不得达原壁厚的10%。

②卷筒与首个转向滑轮的垂直角不大于4°。

③吊笼处于最高工作高度时，卷筒凸缘高度要保持超出缠绕钢丝绳外表面不少于2倍钢丝绳直径。

④吊笼处于地面时，卷筒上至少还存有3圈安全圈。

——曳引轮：

目测检查：轮体不应有裂纹。

尺量检查：检查曳引轮轮槽的磨损。曳引轮轮槽的斜边应为直线，不应有严重不均匀磨损形变，且钢丝绳与槽底不能接触。一般再次安装应更换新的曳引轮槽为宜。

4）传动部件与钢丝绳的磨损和润滑。

①检查部件：滑轮。

检查方法及要求：借助望远镜目测检查滑轮轮缘不得破损，工作时滑轮是否正常转动，不得出现因轴承损坏而产生的左右摆动。滑轮轴固定螺栓、螺母是否齐全。观察有疑问时，应详细检查滑轮不应有裂纹，尺量检查绳槽壁厚磨损量不得达原壁厚的20%；滑轮槽底磨损量不得达相应钢丝绳直径的25%。

②检查部件：导轨。

检查方法及要求：目测检查。吊笼（对重）导轨润滑应良好，发现磨损较严重时，尺量检查其壁厚磨损量不得达原母材厚度的 10%。

8. 其他

其他指定部位的维护保养检查按《产品使用说明书》中其他指定部位的检查维护保养。

9. 卸料平台的检查

检查部件：卸料平台。

检查方法及要求：目测检查。卸料平台的结构应为 ϕ48 mm 钢管搭设，其连接构件的螺母应紧固可靠。平台不能向外倾斜，宜向内倾斜 1°～2°。卸料平台应自成受力系统，与建筑结构连接，禁止与脚手架及提升机架体连接。

10. 日检运行记录和上月的月检表不合格项整改记录检查

检查部位：日检运行记录有不正常的部位、上月检验须整改部位。

检查方法：对照日检运行记录有不正常的部位和上月检验须整改部位，按上述相关检查方法进行复查。

物料提升机的定期维护保养进行完毕应进行记录存档，记录表格式样见表 11-2。

表 11-2　建筑起重机械维护保养记录

工程名称：					
设备名称				设备型号	
出厂编号		备案编号		自编号	
出厂日期				产权单位	
维保单位				上次维保日期	

续表

<table>
<tr><th colspan="2">项　类</th><th>维护保养内容</th><th>技术要求</th><th>备　注</th></tr>
<tr><td>清洁润滑</td><td>各机构传动系统、部件润滑</td><td></td><td rowspan="5">按设备使用说明书及相关标准规程</td><td></td></tr>
<tr><td rowspan="4">检查调整更换</td><td>基础及轨道</td><td></td><td></td></tr>
<tr><td>部件附件连接件、各机构制动器和限位开关与机械元件间隙调整更换、钢丝绳、吊具、索具、链条、滑轮缺损情况</td><td></td><td></td></tr>
<tr><td>金属结构与连接件</td><td></td><td></td></tr>
<tr><td>电气与控制操作系统</td><td></td><td></td></tr>
<tr><td colspan="2">维保结论</td><td colspan="3"></td></tr>
</table>

维护保养人员
（签名）：

维保单位（公章）
年　月　日

第三节　物料提升机主要零部件及易损件的报废标准

一、井架结构件的报废

井架结构件出现下列情况之一的应报废：

（1）井架的金属结构件由于腐蚀或磨损而使结构的计算应力提高，当超过原计算应力的15%时。

（2）对无计算条件的当腐蚀深度达原厚度的10%时。

（3）井架的架体出现变形，失去整体稳定性时。如局部有损坏并可修复的，则修复后不应低于原结构的承载能力。

（4）结构件及焊缝出现裂纹时，应根据受力和裂纹情况采取加强或重新施焊等措施，并在使用中定期观察其发展。对无法消除裂纹影响的。

二、钢丝绳的报废

钢丝绳出现下列情况之一的应报废：

（1）钢丝绳断丝超过7%。

（2）表面磨损超过钢丝绳直径的10%。

（3）出现断股。

（4）出现严重压扁。

（5）钢丝绳直径相对公称直径减少超过7%。

（6）由于腐蚀，钢丝绳表面出现深坑，钢丝之间松弛。

（7）变形。

①波浪形变形：当出现此变形，在钢丝绳长度不大于 25 *d* 的范围内若 *d*1≥（4/3）*d* 则钢丝绳应报废（*d* 为钢丝绳公称直径，*d*1 为钢丝绳变形后包络的直径）。

②笼形畸变：应立即报废。

③绳股挤出：应立即报废。

④钢丝挤出：应立即报废。

⑤绳径局部增大：应立即报废。

⑥扭结：严重扭结的应立即报废。

⑦绳径局部减小：局部严重减小的应立即报废。

⑧部分压扁：严重压扁的应立即报废。

⑨弯折：应立即报废。

⑩由于热或电弧作用而引起的损坏：当出现了可识别的颜色时，应立即报废。

三、滑轮的报废

滑轮有下列情况之一的应报废：

（1）裂纹或轮缘破损。

（2）滑轮绳槽壁厚磨损量达原壁厚的 20%。

（3）滑轮槽底的磨损量超过相应钢丝绳直径的 25%。

四、制动器的报废

制动器有下列情况之一的应报废：

（1）可见裂纹。

（2）制动块摩擦衬垫磨损量达原厚度的 1/2。

（3）制动轮表面磨损量达 1.5～2 mm。

（4）弹簧出现塑性变形。

五、防坠安全器的报废

防坠安全器有下列情况之一的应报废：

防坠安全器出厂满一年后必须送有资质的单位检测，经检测合格后才能使用，出厂超过 5 年的必须报废。

第十二章　物料提升机安装、拆卸事故应急处理方法及案例

第一节　物料提升机安装、拆卸过程中应注意的隐患

物料提升机在安装、拆卸过程中，经常遇到的隐患有以下几个方面：

一、设计制造及加工

（1）一些企业为减少资金投入，自行制造龙门架或井架，但缺乏相应技术人员，只采用相应的架体大小相符的钢材料模仿加工，未加以设计计算和有关部门的验收便投入使用，严重危及提升机的安全使用。

（2）有些工地因施工需要，盲目改造提升机或不按图纸的要求搭设，任意修改原设计参数，出现架体超高，随意增大额定重量、提高行程速度等，给架体的稳定、吊笼的安全运行带来诸多隐患。

（3）架体的附件加工不符合要求，现场安装时要安装人员改

来改去，有的甚至直接焊在架体杆件上，严重损坏了架体杆件的受力度，基础地脚螺栓也不符合要求等。

二、架体的安装与拆除

（1）架体的安装与拆除前未制定安装（拆卸）方案和相应的安全措施；作业人员无证上岗；施工前未进行详尽的安全技术交底；未在作业范围内进行警戒围蔽；作业中违章操作等，以致发生人员高处坠落、架体坍塌、落物伤人等事故。

（2）架体在安装过程中，对基础处理、连墙杆的设置不当，也给提升机的安全运行带来严重的隐患：基础面不平整或水平偏差大于10 mm，严重影响架体的垂直度；附墙杆、缆风绳的随意设置或与脚手架连接，选用材料不符合要求等严重影响架体的稳定性。

（3）架体安装的位置和周边环境不合理，基础积水，架体安装在高支模边缘和深基坑边缘等。

三、安全装置不全或设置不当

（1）未按规范要求设置，或安全装置设置不当，如上、下限位开关设置的行程过中（小于 3 m）或设置的位置和触动方式不合理，使上、下极限越程不能有效地及时切断电源，一旦发生误操作或电气故障等情况，将产生吊笼冲顶、钢丝绳拉断、吊笼坠落等严重事故。

（2）由于平时对各种安全装置检查、保养不力，致使安全装置功能失灵而未察觉，造成提升机带病运行，严重存在安全隐患。

四、维护使用和管理不当

（1）违章乘坐吊篮上下：维护人员自己或个别工作人员违反

规定乘坐吊笼，致使人员坠落伤亡。

（2）严重超载：在物料提升机的使用过程中，不严格按提升机额定荷载控制物料重量，使篮吊笼与架体或主机长期在超负荷工况下运行，导致架体变形，钢丝绳断裂、吊笼坠落等恶性事故的发生。若架体基础和附墙杆安装不当，甚至可发生架体整体倒塌，机毁人亡的严重后果。

（3）无通信或联络信号或联络信号装置失灵：提升机缺乏必要的通信联络装置，或装置失灵，使司机无法清楚看到吊笼需求信号，各楼层作业人员无法知道吊笼的运行情况，有些人甚至打开楼层通道门，站在通道口并将头部伸入架体内观察吊笼的运行情况，从而导致人员高处坠落，或被刚好运行的吊笼夹住头部当场死之，有的卡住肩部或大腿将人从缺料平台拖进架体内坠落死亡。

（4）监管不到位：在安装、拆卸过程中没有安全管理人员监督现场管理的，在作业范围内围蔽不严或无专人看管让他人进入作业区内造成物体打击伤人而发生的安全事故也常有发生。

（5）物料提升机未验收便投入使用，缺乏定期检查和维护保养，电气设备不符合《施工现场临时用电安全技术规范》（JGJ 46—2005）的要求，卷扬机设置不合理等都将引起安全事故。

第二节　物料提升机的现场突发事件的应急处理

一、在开机过程中突然断电的应急处理

首先将全部操作启动开关置于停止位置，然后进行下列检查：

（1）检查总电源是否有电或重复启动一次空气开关、漏电开关。

（2）检查过流继电器等电气开关是否跳开。

（3）检查各行程开关（包括安全门）是否动作未复位。

（4）检查其他电路故障。

（5）当查到有电源存在却还是不能启动时，请通知专业人员排查处理。

二、制动器失灵应急处理

启动吊笼后发现制动器失灵，吊笼下滑，可用点动上升按钮控制下滑速度，多次重复以上操作慢慢将吊笼降回地面，停止作业，避免事故发生。然后在架体前面悬挂“正在维修，禁止使用”警示牌，立即通知维修人员进行检修排除故障。维修人员应检查：

（1）制动器的制动片间隙是否过大，如过大应调整制动片间隙。

（2）制动片（块）有油污污染或严重磨损，清洗油污或更换制动片（块）。

（3）制动弹簧或螺栓松弛或失效：调整或更换制动弹簧或螺栓。

（4）电磁（液压）制动器行程过小或失效，调整或更换电磁（液压）制动器。

三、钢丝绳意外卡住应急处理

发现钢丝绳意外卡住，首先立即停机，关闭电源；其次检查吊笼被卡住的楼层位置，进行下列操作：

（1）悬挂“正在维修，禁止使用”警示牌，在架体周围安全范围内进行警戒线围蔽，并设专人看守，直到专业人员维修好试运行后，方可解除警戒线。

（2）将钢管、木枋或型钢可靠固定在物料提升机吊笼底部最近的位置进行拦住，以防止钢丝绳松脱造成吊笼坠落。同时通知维修人员进行处理，并有专人指挥和监管。

（3）检查钢丝绳被卡住的部位（一般发生在卷筒、曳引轮、滑轮等钢丝绳转向部分）。

（4）将钢丝绳从被卡处移出。

（5）检查钢丝绳的损伤情况、卷筒支座、曳引轮、滑轮等是否拉伤以及滑轮组的安装位置是否正确。

（6）更换受损的零配件。

（7）将吊笼提升约 10 cm，拆除固定在架体上的钢管、木枋或型钢，检查无误后才能投入正常使用。

四、物料提升机冲顶应急处理

（1）发现吊笼冲顶，司机要迅速按下红色的紧急停止开关，切断电源，锁好操作室，向设备管理员或工地维修人员告知事故的经过，供设备管理员或工地维修人员维修时参考。

（2）悬挂“正在维修，禁止使用”警示牌，在架体周围安全范围内进行警戒线围蔽，并设专人看守，直到专业人员维修好试运行后，方可解除警戒。

（3）组织相关人员对机械各部件进行仔细检查，如有部位开裂、脱焊和变形应当采取加固（特别是架体部分），检查钢丝绳是否脱槽。

（4）以上检查完好，操作人员可以采用手动释放制动器的方法缓慢降下吊笼到地面（注：不同的制动装置采用不同的方法）。

（5）如果手动不能放下吊笼，检查电控箱控制回路是否有电，在有电情况下可开动主机降下吊笼到地面，无电可将上限位开关和极限开关的控制回路连接，恢复控制箱的供电，开启主机缓慢降下吊笼到地面，这项工作需要专业维修人员进行操作。

（6）吊笼放下后，检查架体杆件（有变形的需要及时修复或更换），架体及各部件修复后，安装好各种限位开关，方可投入使用。

五、防坠安全器发生故障应急处理

当防坠安全器动作时应采取相应的处理措施。

（1）切断电源，在吊笼的最近位置用木枋或型钢在离吊笼底部最近的横梁架体上将吊笼作临时支承，维修人员对吊笼进行检查，如果能将吊笼点动放下，将临时支承吊笼的木枋或型钢撤掉后，点动降至地面位置，在架体前面悬挂“正在维修，禁止使用”警示牌，再进行详细检查。

（2）检查防坠安全器的动作开关，机械结构是否动作灵敏，对动作不灵敏的部位进行修复，修理后的防坠器必须进行坠落试验合格后才能重新投入使用。

第三节　案　例

【案例 1】　某住宅工程物料提升机吊篮坠落事故

1. 事故发生经过

某住宅小区 R 栋工地，发生一起物料提升机（龙门架）吊篮坠落事故，造成 4 人死亡、1 人重伤。

工程施工的垂直运输设备由某建筑公司提供龙门架物料提升机，而该提升机未经国家规定的机构进行检测，又缺少必要的安全装置。2001 年 4 月 30 日，某建筑公司工人使用龙门架运送物料时，由于物料过长且未采取绑扎固定措施，加上作业人员图省事，违章乘坐吊篮上下，在龙门架存在多处隐患和无安全装置的情况下，突然发生吊篮坠落，造成4人死亡、1人重伤的重大事故。

2. 事故原因分析

（1）技术方面：违章使用提升机是造成此事故的直接原因。《龙门架及井架物料提升机安全技术规范》（JGJ 88—1992）规定，物料提升机严禁人员乘吊篮上下，物料不得超出吊篮，当长料在吊篮中立放时，应采取防滚落措施。

该提升机运送物料时未进行绑扎固定，造成吊篮在上升时物料散乱，卡阻吊篮上升，致使钢丝绳被拉断，因无断绳保护装置导致吊篮坠落。且因作业人员严重违反有关规定违章乘坐吊篮导致作业人员与吊篮同时坠落，是本次事故的直接原因。

（2）管理方面：某建筑公司虽为总包单位，但并未对现场的安全生产实行统一管理。物料提升机未经检验确认合格就投入使用，造成带“病”运行。安全装置不齐全，缺少断绳保护、限位等安全装置，当吊篮意外坠落时，由于没有任何保护措施，造成很大损失。

总包单位对分包单位资质不认真审查且随意录用人员，架子工、卷扬机操作工都未经正式培训考核，对相关操作规程不清楚，违章乘坐吊篮，无知蛮干，导致现场混乱。

该施工单位领导疏于管理导致基层忽视安全。该住宅工程长期管理混乱，并未经上级检查，未加改进。该事故发生后，施工单位隐瞒不报并自行处理，事后虽经有关部门查处，但由于该单位不积极配合，致使事故隐瞒长达80天，造成极坏影响。

3. 事故结论与教训

（1）事故主要原因：作业人员违章乘坐提升机吊篮上下，而提升机又未经检验确认合格，缺乏必要的安全装置，致使吊篮发生意外坠落时失去保护。

（2）事故性质：本次事故是一起因施工管理混乱引起的违章

指挥、违章作业，导致事故发生的责任事故。

（3）主要责任：施工负责人应对违章作业、违章指挥负主要责任，对提升机不经检测就使用也应负主要责任。提升机由设备部门提供，该部门提供了一台不合格的提升机，也是一种失职，应负一定责任。

该建筑公司主要领导应负管理不到位的责任。

4. 事故的预防措施

（1）提升机不得随意制作，设计、制作必须符合《龙门架及井架物料提升机安全技术规范》的规定，并经过有关组织鉴定确认。

（2）提升机在施工现场组装后，应经有关部门进行检测验收，确认合格后方可投入使用。

（3）在提升机使用之前，项目经理应组织有关人员再次进行检查，并向操作和使用人员交底。

（4）提升机使用过程中应有专人进行检查，发现违章现象应停机。

（5）提升机机手必须经培训考核，合格后持证上岗，必须具备使用保养知识，具备对提升机使用规定正确理解的能力，具备制止违章行为的素质，具备发生意外情况时紧急处理的能力。

【案例 2】　某综合楼工程物料提升机吊篮坠落事故

1. 事故发生经过

某综合楼工程发生一起物料提升机吊篮坠落事故，造成 4 人死亡、3 人重伤、1 人轻伤。

某综合楼工程建筑面积为 4 000 m^2，砖混结构，共 8 层。建设单位未经报检、招标及办理施工许可手续，以合作开发名义将工程以包工包料方式发包给无施工资质的某建筑公司，并于 2001 年 2

月 8 日开工。

该工程楼板为预应力空心预制板，采用物料提升机垂直运输，然后由人力将板抬运到安装位置。2001 年 8 月 5 日，该工程主体已进入第五层施工且已安装完 3 层楼板，当准备安装第 4 层楼板时，由 8 人自提升机吊篮内抬板，此时吊篮突然从 5 层高度处坠落，造成 4 人死亡、3 人重伤、1 人轻伤的重大事故。

2. 事故原因分析

（1）技术方面：物料提升机不符合要求是事故发生的直接原因。《建筑施工安全检查标准》（JGJ 59—1999）及《龙门架及井架物料提升机安全技术规范》（JGJ 88—1992）（以下简称《规范》都明确规定，物料提升机必须经过设计计算按规定进行制造并经主管部门组织鉴定，确认符合要求才可使用。而该提升机无生产厂家、无计算书且无必要的安全装置，安装后未经鉴定确认合格就在现场使用，导致了事故的发生。

提升钢丝绳尾端铆固按规定不少于 3 个卡子，而该提升机只设置了 2 个，且其中一个丝扣已损坏拧不紧，当钢丝绳受力后自固定端抽出，造成吊篮坠落。

该提升机采用了中间为立柱，两侧跨 2 个吊篮的不合理设计，导致停靠装置不好安装和操作不便，给安全使用造成隐患。吊篮钢丝绳滑脱时，因无停靠装置保护，造成吊篮坠落。

该提升机架体高 30 m，仅设置一道缆风绳，且材料采用了《规范》严禁使用的钢筋，严重违反了规定，使架体整体稳定性差，给吊篮在运行使用中产生晃动埋下隐患。

（2）管理方面：现场管理混乱是事故发生的主要原因。该施工单位由于不具备相应资质，作业人员未经培训，所以管理混乱。楼板安装前无施工方案，作业前未向工人交底，作业人员无起重特种作业人员上岗证；提升机的安装不符合专项要求，钢丝绳卡子的安装由电工完成，由于不懂相关要求安装不合格，工作完毕无人检查无人验收；用钢筋做缆风绳这种明显的违章情况并无人制止。物料提升机吊篮本应严禁载人，而该施工现场的生产指挥者居然提出用物料提升机吊篮来载人。由此可见，该承包队资质差、管理知识缺乏。根本没有能力承包施工工程，现场混乱，发生事故是必然结果。

建设单位违反报建程序是导致事故发生的重要原因。建设单位违反建筑法的规定，在工程承包和施工过程中，不办理报建、招标、监理及施工许可手续，逃避监督管理，私下发包给不具备企业资质、无管理能力、对物料提升机设备也不懂的施工队伍，致使其违反规定，无知蛮干，最终导致事故发生。

3. 事故结论与教训

（1）事故主要原因：施工单位负责人现场违章指挥和使用了不合格的设备，在吊篮发生意外坠落时，无停靠装置保护，造成人员伤亡。

（2）事故性质：本次事故是一起严重的责任事故。建设单位违反建设工程管理程序，将工程私自包给不具备资格的队伍施工；施工队伍管理混乱，违章指挥；作业人员未经培训，无证上岗，违章作业；物料提升机设备未经鉴定存在隐患，安全装置又不齐全，致使施工中发生重大事故。

（3）主要责任：某建筑公司施工负责人违章指挥导致事故发生，应负违章指挥责任。建设单位违法分包和施工单位主要负责人管理失控，应负主要管理责任。

4. 事故的预防措施

（1）各地建设行业主管部门应加强管理和建筑安全执法队伍建设，严格执法。

（2）加强对物料提升机等一类设备的管理，凡使用提升机设备必须经设计计算且具备施工图纸并经有关部门鉴定，确认符合规定后方可投入运行；监理单位应学习相关规范，工地每次对机械重新组装后必须进行试运转检验，并对安全装置的灵敏度进行确认。

（3）对建筑市场应加强管理，定期组织检查，对再建工程办理报建、招标、监理及施工许可的情况进行检查；并检查施工队伍及项目经理是否具有相应资质，严禁挂靠、转包等非法行为；同时抽查施工人员的上岗证，查看其是否经培训教育达到合格标准，对检查中发现的问题应有记录并检查整改情况和采取严肃处理措施。

【案例 3】 拆除龙门架坠落事故

1. 事故发生经过

某建筑工程公司第四工区药材仓库工地施工结束后，工长安排架子工组长甲和架子工乙及 4 名工人拆除龙门架。甲和乙分别到龙门架 2 根立柱的顶端，首先卸掉了天梁，其立柱各有 7 个 4 m 长的标准节。当拆卸到第五节立柱时，甲站在第四节上将 6 个连接螺栓全部拆掉后，发现抱杆绑扎得短，不便于操作，甲便将捆扎抱杆的 4 道铁丝剪断 3 道，蹬上已经拆掉螺栓的第五节立柱往上移动抱杆，突然第五节立柱向下翻转，甲坠落地面致死。

2. 事故原因分析

（1）直接原因：违反操作规程，先拆掉第五节与第四节的连接螺栓，将捆扎抱杆的 4 道铁丝剪断 3 道。又移动已经不稳定的第五节抱杆，致使立柱下翻坠落。

（2）间接原因：在进行拆除作业之前没有制订拆除龙门架施工方案，安全交底不落实。安排的现场监护人员又临时脱岗，对违章作业不能及时纠正。

（3）主要原因：先从拆掉第五节与第四节的连接螺栓，又到已经不稳定的第五节上去移动抱杆，使立柱下翻坠落，未编制拆除方案。

3. 事故结论与教训

架子工组长甲违反操作规程，拆掉第五节与第四节的连接螺栓后，又将绑扎抱杆的 4 道铁丝剪断 3 道，再移动已经不稳定的第五节抱杆，造成立柱下翻坠落事故。

事故单位在进行拆除作业之前没有制订拆除龙门架施工方案，安全交底不落实；现场管理混乱，纪律松弛，安排的现场监护人员又临时脱岗，对违章作业不能及时纠正，未能防止事故发生。

4. 事故的预防措施

（1）拆除龙门架是危险性较大的作业，是施工全过程中的关键环节之一，应引起足够的重视。

（2）加强对起重工的安全技术培训。

附录一　建筑施工特种作业人员安全技术考核大纲（试行）（摘录）

10　建筑起重机械安装、拆卸工（物料提升机）安全技术考核大纲（试行）

10.1　安全技术理论

10.1.1　安全生产基本知识

1 了解建筑安全生产法律法规和规章制度

2 熟悉力学基本知识

3 了解电学基本知识

4 熟悉机械基础知识

5 了解钢结构基础知识

6 熟悉起重吊装基本知识

10.1.2　专业技术理论

1 了解物料提升机的分类、性能

2 熟悉物料提升机的基本技术参数

3 掌握物料提升机的基本结构和工作原理

4 掌握物料提升机安装、拆卸的程序、方法

5 掌握物料提升机安全保护装置的结构、工作原理和调整（试）方法

6 掌握物料提升机安装、拆卸的安全操作规程

7 掌握物料提升机安装自检内容和方法

8 熟悉物料提升机维护保养要求

9 了解物料提升机安装、拆卸常见事故原因及处置方法

10.2　安全操作技能

10.2.1　掌握装拆工具、起重工具、索具的使用

10.2.2　掌握钢丝绳的选用、更换、穿绕、固结

10.2.3　掌握物料提升机架体、提升机构、附墙装置或缆风绳的安装、拆卸

10.2.4　掌握物料提升机的各主要系统安装调试

10.2.5　掌握紧急情况应急处置方法

附录二　建筑施工特种作业人员安全操作技能考核标准（试行）（摘录）

10　建筑起重机械安装、拆卸工（物料提升机）安全操作技能考核标准（试行）

10.1　物料提升机的安装与调试

10.1.1　考核设备和器具

1 满足安装运行调试条件的物料提升机部件 1 套（架体钢结构杆件、吊笼、安全限位装置、滑轮组、卷扬机、钢丝绳及紧固件等），或模拟机 1 套；

2 机具：起重设备、扭力扳手、钢丝绳绳卡、绳索；

3 其他器具：哨笛 1 个、塞尺 1 套、计时器 1 个；

4 个人安全防护用品。

10.1.2　考核方法

每 5 名考生一组，在辅助起重设备的配合下，完成以下作业：

1 安装高度 9 m 左右的物料提升机；

2 对吊笼的滚轮间隙进行调整；

3 对安全装置进行调试。

10.1.3　考核时间：180 min，具体可根据实际模拟情况调整。

10.1.4　考核评分标准

满分 70 分。考核评分标准见表 10.1，考核得分即为每个人得分，各项目所扣分数总和不得超过该项应得分值。

表 10.1　考核评分标准

序号	项目	扣分标准	应得分值
1	整机安装	杆件安装和螺栓规格选用错误的，每处扣 5 分	10
2		漏装螺栓、螺母、垫片的，每处扣 2 分	5
3		未按照工艺流程安装的，扣 10 分	10
4		螺母紧固力矩未达标准的，每处扣 2 分	5
5		未按照标准进行钢丝绳连接的，每处扣 2 分	5
6		卷扬机的固定不符合标准要求的，扣 5 分	5
7		附墙装置或缆风绳安装不符合标准要求的，每组扣 2 分	5
8	吊笼滚轮间隙调整	吊笼滚轮间隙过大或过小的，每处扣 2 分	5
9		螺栓或螺母未锁住的，每处扣 2 分	5
10	安全装置进行调试	安全装置未调试的，每处扣 5 分	10
11		调试精度达不到要求的，每处扣 2 分	5
合　计			70

10.2　零部件的判废

10.2.1　考核设备和器具

1 物料提升机零部件（钢丝绳、滑轮、联轴节或制动器）实物或图示、影像资料（包括达到报废标准和有缺陷的）；

2 其他器具：计时器 1 个。

10.2.2　考核方法

从零部件的实物或图示、影像资料中随机抽取 2 件（张），由考生判断其是否达到报废标准（缺陷）并说明原因。

10.2.3　考核时间：10 min。

10.2.4　考核评分标准

满分 20 分。在规定时间内能正确判断并说明原因的，每项得 10 分；判断正确但不能准确说明原因的，每项得 5 分。

10.3　紧急情况处置

10.3.1　考核器具

1 设置电动机制动失灵、突然断电、钢丝绳意外卡住等紧急情况或图示、影像资料；

2 其他器具：计时器 1 个。

10.3.2　考核方法

由考生对电动机制动失灵、突然断电、钢丝绳意外卡住等紧急情况或图示、影像资料所示的紧急情况进行描述，并口述处置方法。对每个考生设置一种。

10.3.3　考核时间：10 min。

10.3.4　考核评分标准

满分 10 分。在规定时间内对存在的问题描述正确并正确叙述处置方法的，得 10 分；对存在的问题描述正确，但未能正确叙述处置方法的，得 5 分。